城市微更新

城市存量空间设计与改造

李涛 孟娇 编

U0201743

化学工业出版社

·北京·

内容简介

随着城市化进程的加快，土地成为非常稀缺的资源。为了使城市物质空间满足人们新的需求，在寸土寸金的城市里，使每一寸土地都能得到充分利用是至关重要的。对城市空间进行局部、微小的改变往往能激发城市自身的能动性，避免了因大规模改变城市空间环境所带来的诸多不确定后果。本书围绕城市微更新这一话题，以理论结合案例的形式向读者展现了近年来颇具代表性的城市存量空间设计与改造实例，包括城市滨水空间改造、老旧工业建筑改造、老旧独立居住及办公空间改造、商业空间及商用建筑改造、城市广场改造、学校改造等项目类型，通过改造前后对比、局部初设图纸、高质量的实景照片，向读者全面展示项目改造过程。

本书适合建筑师、相关专业院校的师生，以及关注城市发展、对城市微更新感兴趣的人士参考使用。

图书在版编目（CIP）数据

城市微更新：城市存量空间设计与改造/李涛，孟娇编. —北京：化学工业出版社，2021.10（2024.1重印）
ISBN 978-7-122-39581-8

Ⅰ.①城… Ⅱ.①李… ②孟… Ⅲ.①旧城改造 - 研究 Ⅳ.①TU984.11

中国版本图书馆 CIP 数据核字（2021）第 144614 号

责任编辑：毕小山　　　　　　　　　　　　　装帧设计：米良子
责任校对：边　涛

出版发行：化学工业出版社（北京市东城区青年湖南街13号　邮政编码100011）
印　　装：中煤（北京）印务有限公司
787mm×1092mm　1/16　印张16　字数320千字　2024年1月北京第1版第2次印刷

购书咨询：010-64518888　　　　　　　　　售后服务：010-64518899
网　　址：http://www.cip.com.cn
凡购买本书，如有缺损质量问题，本社销售中心负责调换。

定　　价：128.00元

前言

　　中国城市化的进程在近 20 年得以加速，城市的面貌日新月异。研究城市化的进程就会发现，城市其实一直处于变化之中，如同一个生命有机体，不断地生长。城市从诞生到长大，再到蓬勃，一直在"新陈代谢"。当然城市也会老去，历史中也有不少城市消失在历史的长河中。

　　在人类历史中，科技发展其实是城市化的基础动力。无论是工业革命还是信息革命，生产方式的转变，都带动了城市地块功能的逐步转变。比如原来城市核心区的码头建筑，因为铁路运输的发达而逐步废弃，这是物流方式转变带来的城市地块功能的变化。城市化进程最大的表象是城市人口的剧增，更多的人口需要更多的居住空间、交通空间和公共空间。城市扩张、工厂逐步外迁，留下城市"棕地"需要进行更新改造。城市化的飞速发展，也带来了更多的剩余空间，一种是城市设施自身的富余空间，如立交桥下；另一种是城市设施之间的挤压空间，如口袋公园。这些也是需要不断更新的场地。城市建筑自身也有寿命期限，当城市的细胞（尺度从一栋楼到一间房）因为年代久远，不再适宜居住或功能转变时，则需要更好的更新方式来对待它们。

　　城市不仅是一个宏大的命题。因为它是连续生长的，由无数个小的单元模块或者不同功能的地块整合而成，随着中

李涛

UAO 瑞拓设计创始人、主持建筑师
23 年建筑、景观、室内设计从业经验
国家一级注册建筑师
武汉大学建筑设计课程特聘老师
2019 年同济大学中荷设计工作营评图老师
2020 年湖南大学中日设计工作营评图老师
2021 年第四届中国室内设计新势力榜全国 TOP10

UAO 瑞拓设计由李涛和梁海峪联合创立于 2005 年。UAO 想表达的思想是原创的城市与建筑设计（urban architecture original），主张任何设计都必须摆脱单一的建筑师思维，力推将规划、建筑、室内、景观一体化考虑的原创精神，提出"大景观＋微建筑＋一体化"的主题。在 UAO 看来，无论是大景观还是微建筑，抑或是室外的景观及室内的设计，都要倾注全力来表达完整的原创思想。

李涛提出"素材、自然与身体"的设计方法论，即利用纯净简练的材质，把自然条件放在设计需要考虑的第一序位，从自身的感受出发，创造诗意的栖居地。由李涛主持设计的作品曾多次发表在《世界建筑》、《景观设计》、《世界建筑导报》、《id＋c 室内设计与装修》、《hinge》（香港版）、《中国设计年鉴》等杂志或书籍上。

国城市化逐步走向更加集约、精致的阶段，大拆大建的模式已不多见，城市微更新却可以像针灸手术一样对更小的地块进行更新改造。微更新，它的对象是小尺度的，它的方式是渐进的，它的原则是保护性的——能留下的建筑特征和文脉，会被最大限度地保留。

既然是更新，而不是推倒重建，那么就必然涉及更新的载体：现存场地或现存建筑。也必然涉及更新后的新结构，新旧结构之间，是对话和并置的关系。新旧结构的距离，不仅是物理上的距离（比如很多旧改项目，可以将新旧之间脱开一定距离，微小到几厘米的缝隙或者是材质上的对比），也是时间上的距离（旧结构使用的是当年的工艺，新结构必须用当代的工艺和材料），进而产生心理上的距离。这种距离，并不是要刻意形成好坏的比拼，而是彰显时间的流逝，与年代感的并置。并置，一直是微更新的原则和必然手法。留存文脉，彰显并置，植入新的功能，从而给老旧场地或建筑注入新的活力。

除了并置的原则，微更新还有很多具体的手法，比如老的结构，新的表皮，我将其称为"新包老"，比如 MAD 最新的珠海银坑艺术中心方案"穹顶下的村庄"；也可以是老的表皮，完全新的内核，这是"老包新"，比如青山周平的苏州有熊文旅公寓；也可以是老的下层基础，新的上层结构，这是"老下新上"，比如赫尔佐格和德梅隆的汉堡易北爱乐音乐厅；还可以是局部的替换，这是"局新换老"，比如 UAO 瑞拓设计的良友红坊 ADC 艺术设计中心；还有就是"全新换老"，这个提法更适合于城市的剩余空间，比如口袋公园，它的旧体现在它的用地边界、周边的老建筑或既有功能并没有发生变化，但是地块本身因为改造而对周边的建筑或人的活动产生了积极的影响，比如俞挺的水塔之家。

城市微更新是和城市化紧密结合在一起的。城市化的发展带来城市的问题，如何解决这些问题也会是微更新的发展方向。我们可以大胆预测一下，未来的城市，因为自动驾驶科技和共享经济的发展，汽车不再私有，全部自动驾驶，个人或家庭不再需要自有车辆，汽车数量会大大减少，那么大量的停车空间必然会闲置，需要转换功能；汽车数量的下降也会带来城市交通空间的闲置，如跨越江河的桥梁、高架桥等，这些也需要更新。城市化的发展也伴随着人口老龄化，目前的住宅产品，也会向适老化更新……畅想未来城市的发展，是一个大开脑洞的有趣思维体操。

但是无论怎么畅想未来，无论城市如何发展，城市的使用主体是人。围绕人的使用、提升人的愉悦感，是所有城市微更新的不二法门。也正是围绕"人"的尺度来展开的更新，才是"微"更新，而不是"城市设计"或"再造新城"。充分照顾人的感受，才是微更新永远的正确发展方向。

目录

设计引言

1 城市微更新概述

　　城市微更新的关键点在于"微"。"微"既可以指微小空间，也可以指微小的修补方式。城市微更新即是通过对城市中某些质量不高、长期闲置导致利用不足、或功能未被优化的微小公共空间和老旧建筑进行改造，以达到盘活城市存量空间、提升其利用率的目的。随着经济的发展，城市发展中所存在的问题也变得错综复杂，想通过大规模的一次性改造去解决这些问题显然是不切实际的，相比之下，微更新这种自下而上的局部改造则是一种更加可行的改造模式。城市微更新涵盖的类型甚广，具体包括老旧小区改造、滨水空间改造、城市街道改造、公园及广场改造、旧商场升级、老旧工业遗存改造、未被充分利用的历史建筑改造等。总结起来最终达到的效果无非两个方面，即城市公共空间环境的提升与老旧建筑的盘活和利用。

2 城市微更新与城市剩余空间价值的挖掘和利用

　　随着城市化进程的加快，土地成为非常稀缺的资源。人们不能无限扩张城市土地的使用面积；同样，也并不是城市中的每一块土地都得到了有效的规划使用。城市开发者往往会优先选择自然条件好且土地形式完整的地块进行开发和利用，但是在完成建筑项目后遗留出部分不规则的、占地面积小的地块，这些地块由于环境的限制没有得到有效的利用。除此之外，还有一些受地形限制而没有被有效利用的土地、被污染过的工业土地、被道路分割或阻断的不完整地块等，这些未被充分利用的空间可以统称为"剩余空间"。而在寸土寸金的城市里，使每一寸土地都能得到充分利用至关重要。由于这些剩余空间的占地面积通常不大，因此对其进行改造便与城市微更新理念及改造模式不谋而合。

© 良友红坊ADC艺术设计中心及社区景观改造 / UAO瑞拓设计 / 赵奕龙
由老旧工厂改造而来的艺术展厅

　　根据不同空间的特征，可以对其进行有针对性的改造。建筑之间的小型不规则地块可以开发成为口袋公园或小型广场，作为建筑的配套基础设施，给周边人群提供休闲空间；荒废的工业用地及其所属建筑，可以根据其建筑的属性，例如建筑举架高大、空间宽敞、室内空间开阔、结构坚实、抗震性较好等特点，将其改造为保留工业特征的美术馆、博物馆、个性办公空间等；被道路分割的地块例如高架桥下方，可以打造出一个简单的小型公园，一个真正意义上的城市公共空间，给人们提供一个可以聚集在一起的放松场所，再或者可以通过规划将其改造成停车场以缓解停车压力。

　　这些分散在城市中的零散剩余空间，如果不能被充分利用的话，不仅是对土地资源的浪费，也会对城市环境带来消极的影响，影响城市美观度。若能将其通过合理改造加以利用，则可以提升城市的形象，为居民提供更多的休闲娱乐场所或交通用地，也能提升土地的使用和经济价值。

© 上海民生码头水岸改造及贯通 / 刘宇扬建筑事务所 / 田方方
贯通桥下的景观

3 国内外关于城市更新的发展与实践

　　城市更新是世界各国在城市发展过程中都比较关注的话题。城市更新随处可见，但是大家对其内涵和发展进程的了解并不够深入。下面对国内外城市更新的发展历程及采取的主要手段做简要概述，希望能对我国的城市微更新带来一些有益的启示。

3.1 英国、美国、日本等国家的城市更新进程及对我国的启示
3.1.1 英国的城市更新

　　英国作为老牌资本主义国家，自 18 世纪后半叶以来，产业革命极大地推动了其生产力的发展，先进的机器生产模式替代了原始的家庭生产方式，农业

也开始走向集约化经营之路。随着生产力的不断提高，工业与农业劳动力均相对过剩，失业率显著上升，农民大量涌入城市寻求生存机会，城市规模迅速扩大，因此引发了一系列的城市发展问题。

英国的城市更新始于 20 世纪 30 年代的清除贫民窟计划。政府通过提供财政补助的方式，在贫民窟所在地建立多层公寓，并在郊区建立独院住宅，以此出租给原有的贫民窟居住者来解决其居住问题。20 世纪 60 年代中后期到 70 年代，英国进入以政府为主导的自上而下的城市更新阶段，在对大城市进行更新修复的同时，也在其周边建立了一系列的卫星城用于安置部分人口及进行经济活动，以此来缓解中心城市的人口、交通及环境等方面的压力。随着郊区化进程的开启，城市人口外流，内城逐渐衰退，复兴内城迫在眉睫。当政府意识到城市更新的过程对原有的街区历史风貌造成了破坏时，便对城市更新的方式做出了调整，从大规模清除贫民窟转向住宅修整及中心商贸区的复兴，以此保护历史街区的风貌，保护文化的传承。1977 年，英国政府颁布了《内城政策》，并于 1978 年颁布《内城法》，从政府层面为城市复兴及更新提供了指导以及财政支持。20 世纪 80 年代，伴随着传统工业的衰退以及经济结构的再次调整，英国政府改变了原有的内城更新政策，开始寻求与民间的合作，并吸引私人投资。从此，城市更新的政策从政府主导转向市场主导、公私合作的方式。同时，公众逐渐参与到更新改造规划当中，开启了自下而上的城市更新模式。20 世纪 90 年代到 21 世纪初期，英国政府出台了"城市挑战"计划，成立了"综合更新预算"基金，通过竞标的方式分配城市更新资金，以此来资助城市更新过程中产生的费用。竞标主体应是公、私、社区三者构成的合作伙伴组织，社区的参与作用不断加强。

3.1.2 美国的城市更新

美国的城市更新开始于 20 世纪 20 年代，与英国相似，也是从清除贫民窟计划开始。1937 年 9 月 1 日，为全面解决城市居民住宅问题的《美国住宅法》得到美国国会批准。截至 1940 年底，美国住宅管理局总共向地方住宅管理局贷款七亿五千万美元，建筑工程达 510 项，建成住宅 160000 余套。该项法案的实施，对于解决美国城市居民的住宅问题具有重要意义。为了推进城市更新进程，1949 年美国出台《住房法》，规定清理和防止贫民窟，促进城市用地合理化和社会正常发展。城市重建的模式是将清理贫民窟得到的土地投放到市场上出售，即便如此，政府依旧要求将出售及重建用地的一半以上用于居住。1954 年，美国对城市更新政策进行修正，提出要加强私人企业的参与，并鼓励居民参与到社区建设中，以清除贫民窟为主的条款逐步过渡到中心城市的重建。一方面，联邦政府对用于搬迁的公共住房增加拨款；另一方面，允许将 10% 的政府资助用于非居住用地的重建，或者是开发那些不被用作居住用地的场地，将其用于建设商贸设施或办公楼等商业空间。20 世纪 70 年代末，联邦政府开启了城市复兴政策，开始由各州及地方政府对城市计划负责。各州通过税收政策、贷款政策等经济手段大力发展商业、工业、旅游业。在这一政策影响下，城市复苏以赢利能力强的商业、办公用地取代了居住用地，但也造成了各大城市之间的不平衡发展。从 20 世纪 70 年代到 20 世纪 90 年代，美国虽然经历了经济衰退，但城市更新并没有停滞不前。在这 20 年间，城市遗产保护运动和社区花园化建设的兴起，开创了城市更新的新局面。进入 20 世纪 90 年代后，随着经济的复苏，美国各大城市又迎来了人口增加与城市扩展的高潮。联邦层面投入数十亿美元资金用于社区复兴和经济中心重建，并为居民兴建住房。

3.1.3 日本的城市更新

日本的城市更新兴起于 20 世纪 60 年代，特殊的地理位置导致日本地震频发，再加上战争的严重破坏，许多老旧建筑已破损不堪。由此日本开始了对老旧建筑的清拆改造，系统清除贫民窟，加强城市基础设施的防灾建设。新兴工业的发展和技术提高使得人口大量涌入大城市，原有的城市工业厂房和商业用地已经难以适应经济发展的需要。因此，从 20 世纪 60 年代开始，日本开启了高速的城市化进程和造城运动。到了 20 世纪 80 年代后期，受经济危机影响，日本经济增长缓慢，政府推出"都市再生"政策，督促市区重建。为了确保城市更新的有效进行，政府出台了包括《土地区划整理法》《都市计划法》《都市再开发法》《都市再生特别措施法》《立地适正化计划》《立地适正化操作指南》《生态城市法》在内的多项政策法规，不断完善日本城市更新改造的法律体系。对城市更新的要求也由单一的城市功能改造向城市综合功能提升、历史文化保存、低碳环保转变。

日本的城市更新，往往以街区、社区、市政道路甚至单体建筑等小的单元为改造对象，即我们所说的"微更新"。通过强化市政基础配套设施的兴建、改善交通枢纽、增加城市公共空间和绿地面积、提升公共服务等综合措施，来提高土地空间利用率和土地空间价值，在打造具有现代化特色新城区的同时，还特别注重传统历史建筑的保护和历史街区与现代化城市建设的融合协调。由于日本土地面积狭小，又要保证农业用地不被占用，因此日本从 20 世纪 80 年代起开始了对地下空间的发掘与利用，以扩充更多的可使用空间。近年来，日本城市更新的主要发展方向是提高城市防灾、减灾的能力，以此来应对频发的自然灾害；倡导智慧型城市改造，建设低碳城市，降低能源消耗，缓解交通拥堵，改善热岛效应等城市问题；同时日本老龄化严重，老龄人口对于市政设施的使用有更高的要求，因此在市政设施建设时要充分考虑这部分人群的使用需求。

3.1.4 国外城市更新给我国带来的启示

首先，在城市更新的过程中要充分发挥政府的主导作用。通过上述国家的城市更新历程，我们不难看出，各国针对存量用地的再开发，都制定了相应的法律法规，以此来推动和引导更新过程的顺利进行。在整个更新的实施过程中，不可避免地需要多个政府部门的协作，这就需要各部门联动起来，共同投身这一领域的城市建设。除此之外，政府还要运用一些激励性政策来吸引私有资金对城市更新的投入，使建设资金来源更加多元化，同时对于资金的使用情况进行监督，确保专款专用，确保社区利益不被商业利益所吞没。

其次，城市更新应该遵循保护与开发相结合的原则，不能只追求表面繁荣，盲目采取简单化的改造措施，也不该把更新简单地理解为旧建筑、旧设施的翻新，还需要深刻理解旧城市里的社会与人文内涵，在更新中注重历史遗迹的保护与文脉的传承。否则不仅改造效果甚微，还会破坏城市独特的印记，正如英国 20 世纪 30 年代的清除贫民窟计划对街区风貌的破坏。

最后，要提升人居环境和公众参与度，坚持以人为本的基本原则。城市更新作为综合性的社会工程，其建设的主要目的是为了给人们提供更好的生存空间，提高生活质量。公众的需求决定了城市更新的方向，因此充分听取居民的意见，切实考虑人居需要，积极引导公众参与其中尤为重要。

3.2 我国城市更新的发展进程，以上海市为例

近年来，城市更新一直是我国城市发展与建设中的热门词语。随着上海、北京、深圳等一线城市纷纷步入存量时代，城市更新的方式也从最初的大拆大建进入以局部微更新为主的新阶段。在城市更新项目的实施过程中，政府扮演着组织者的身份，负责提供政策指导、资金扶持，以及整个过程的监管。但是项目的顺利进行同样离不开各类设计和规划企业、地方高校以及社区居民的参与。各界社会力量的积极参与可使整个更新改造更具多样性，同时也赋予人民更多的权利。

3.2.1 政府政策引导

2015 年底，中央城市工作会议顺利举行。会议指出，自改革开放以来，我国经历了世界历史上规模最大、速度最快的城镇化进程，城市发展波澜壮阔，取得了举世瞩目的成就。城市发展带动了整个经济社会的发展，城市建设成为现代化建设的重要引擎。做好城市工作，要顺应城市工作新形势、改革发展新要求、人民群众新期待，坚持以人民为中心的发展思想，坚持人民城市为人民，这是做好城市工作的出发点和落脚点。同时，要坚持集约发展，框定总量、限定容量、盘活存量、做优增量、提高质量，立足国情，尊重自然、顺应自然、保护自然，改善城市生态环境，在统筹上下功夫，在重点上求突破，着力提高城市发展的持续性和宜居性。除此之外，会议还指出要在规划理念和方法上不断创新，增强规划科学性、指导性。要加强城市设计，提倡城市修补，留住城市特有的地域环境、文化特色、建筑风格等"基因"。深化城镇住房制度改革，继续完善住房保障体系，加快城镇棚户区和危房改造，加快老旧小区改造，为城市发展提供有力的体制机制保障。由此可见，在城市土地资源短缺的情况下，开发城市存量空间资源对于城市建设水平及居民生活环境的提升有着至关重要的作用。可以通过挖掘这部分空间的既有特色，通过对其进行合理改造而达到提升空间使用率的目的，从而激发城市活力。

　　作为我国最大的经济中心城市，也是国际著名的港口城市，上海见证了我国城市更新模式的更迭，在我国的经济发展中具有极其重要的地位。2015年，上海市政府推出了《上海市城市更新实施办法》，将上海旧城区的改造模式从"拆改留"转变为"留改拆"，城市更新目标也随之从"增量开发"转变为"存量更新"。该办法共计二十条，概述了其定义和适用范围、工作原则、城市更新要求、各级工作领导小组的职能、管理制度、改造前的区域评估、计划编制、内容实施、规划政策及土地政策等，为上海市城市更新的发展指明了方向。总体来说，城市更新工作应遵循"规划引领、有序推进，注重品质、公共优先，多方参与、共建共享"的原则，坚持以人为本，激发都市活力，注重区域统筹，调动社会主体的积极性，推动地区功能发展和公共服务完善，实现协调、可持续的有机更新。

3.2.2 相关设计企业的参与

　　除了政府政策的指导之外，城市更新过程更离不开相关设计企业的参与。上海作为国际化的大都市，以其优质的营商环境吸引了众多来自世界各地的设计企业落户于此，为城市建设贡献了各自的力量。其中Kokaistudios由意大利建筑师Filippo Gabbiani和Andrea Destefanis于2000年联合创立于威尼斯，自2002年起公司将总部设于上海，在近20年的时间里完成了涵盖亚洲、中东、欧洲及北美洲的众多创新设计项目。Kokaistudios尤其擅长城市更新与文化遗产再造的项目，旨在为项目所在的城市增添蓬勃生机。由其完成的上海世茂广场的改造，通过扩充空间功能和重新规划流线，让大体量商业建筑以新的面貌融入城市公共空间和市民的生活。这个曾经被忽视的购物中心如今华丽转身，成为了让众多市民受益的共享型城市生活空间。位于新泰路57号的华联新泰仓库，始建于20世纪初，是上海市人民政府批准公布的第四批优秀历史建筑，保护要求为三类。Kokaistudios通过对该历史建筑进行修缮与更新，将其打造成了苏河湾沿岸企业的高端商务会所及文化展示中心。除此之外，被收录在本书中的北京凤凰汇购物中心里巷改造、安亭新镇中央广场改造、宝山再生能源利用中心概念展示馆等项目均是对城市存量空间进行改造的成功范例，不仅为居民提供了更多的休闲空间，也让城市存量空间的开发模式有了更多的可能性。

◎ 上海世茂广场改造 / Kokaistudios / 吴清山
上海世茂广场改造前后对比

◎ 新泰仓库建筑改造 / Kokaistudios / Dirk Weiblen
新泰仓库建筑改造前后对比

再如，毕业于哈佛大学设计学院的建筑师刘宇扬，于 2007 年在上海创立了刘宇扬建筑事务所，被认为是国内领先的建筑事务所之一，并开始在国际视野中崭露头角。刘宇扬带领设计团队先后完成了申窑艺术中心一期和二期的改造项目，将原本废弃的旧工业车间和辅楼进行了全面的改造与更新，将其变成用于展示、培训、办公的空间，使得这部分空间得到了更有效的利用。上海民生码头水岸改造及贯通项目也是刘宇扬建筑事务所在城市微更新方面的又一力作，整个改造项目由三个部分组成。其中，民生码头段贯通设计在尊重城市设计整体性和延续性的基础之上，通过低线漫步道、中线跑步道、高线骑行道"三线贯通"的设计手法，创造出丰富多样的慢行空间及游赏体验；民生轮渡站及其周边的公共开放空间，在承载基础设施交通功能的同时，也为滨江游憩提供了多元的游赏体验；洋泾港步行桥的结构形式为钢结构异型桁架桥，设计将结构、功能及造型三者结合，利用高差分流骑行、跑步及漫步，可供市民及游人日常使用。

◎ 申窑艺术中心一期改造 / 刘宇扬建筑事务所 / 朱思宇
申窑艺术中心一期北立面改造前后对比

◎ 申窑艺术中心二期改造 / 刘宇扬建筑事务所 / 朱思宇
申窑艺术中心二期改造前后对比

3.2.3 地方高校的相关课程与实践

上海市教育资源丰厚，重点高校林立。其中，同济大学和上海交通大学两所高校的建筑学专业更是名列前茅，每年都能为行业内输送大批专业人才。2020 年 8 月，"城市再生长"杨行老集镇城中村美好社区城市微更新设计大赛拉开帷幕，同济大学建筑与规划学院作为协办单位，积极参与其中。经过两个多月的实地勘察、场地分析、社区沟通，同济大学的学生们在老师的指导下针对此次改造提出了 523 份设计方案，经过评选最终产生了 9 个各具特色的入围方案来解决社区面临主要问题：

①通过对街道进行重新铺装、栽种绿植和砌筑景观墙的方式来改善周边人行道与道路绿化状况较差的问题，同时增加了街道的生活气息；

②对入口标志和桥梁进行改造，使得区域标志性特征更加明显，桥梁的更新以及桥梁两侧独立步行道的增加起到了缓解了交通压力和改善交通状况的作用；

③对社区沿线的公交站及施工围墙进行重新设计，增加公交线路图、座椅、遮雨棚，提升基础设施建设与使用人群之间的互动性，也创造出了更多能让人们聚集起来的公共空间。

此次竞赛对于同学们来说，是一次很好的理论结合实践的机会，不仅提升了专业技能，也让学生作品有了更多落地的机会。

3.2.4 公众的参与

城市存量空间的修补往往与居民利益密切相关，如老旧社区改造、公园广场改造等均是涉及市民权益的民生问题。如果在项目实施过程中有处置不当之处，势必会造成不好的社会影响，而且阻碍整个项目的进程。政府积极引导和鼓励民众参与到微更新实践当中，听取多方意见，不仅能更加了解百姓关心的问题，使得更新的项目切实服务于民众，还可以降低政府与公众之间的矛盾以及不良群体社会事件发生的概率。

《上海市城市更新实施办法》第十条（区域评估的公众参与）与和第十四条（实施计划的公众参与）都提及了公众在城市更新过程中的参与性。该办法指出，区域评估时应当组织公众参与，征求市、区县相关管理部门、利益相关人和社会公众的意见，充分了解本地区的城市发展和民生诉求，结合城市发展和公共利益，合理确定城市更新的需求；城市更新实施计划应当依法征求市、区县相关管理部门、利益相关人和社会公众的意见，鼓励市民和社会各界专业人士参与实施计划的编制工作。

例如，由上海市规划和国土资源管理局主办的"行走上海2016——社区空间微更新计划"在前期策划、设计和改造过程中均积极邀请了社区居民参与其中。有人提出小区内的中心花园常年缺少维护，且绿化率不足，花园里显得光秃秃的，没有生气；还有居民提出自行车棚太乱，车子放不下，希望能扩大点。听取了居民提议之后，在改造过程中设计师带领居民共同参与，一起搭建了公共艺术装置，为老旧小区增添了不少潮流元素。景观设计师则带领居民共建了一处疗愈花园，现场还有关于植物栽种方面的教学，让居民亲身参与花园植被的栽种。自行车棚也被重新规划，有了更多使用空间。随着各个环节的有序推进，居民们也通过实际参与掌握了先进的规划理念，了解了设计与建设的各个环节，成为了社区治理实践的主要参与者。

4 不同城市空间的微更新策略

不同的城市空间有其各自不同的用途，因此在改造过程中要充分考虑空间原有的特征以及改造后的用途。针对不同的空间，在改造时要有不同的侧重点。

4.1 老旧独立居住空间改造

对于居住空间而言，无论是以徽派、闽派、苏派为代表的位于江南水乡的各式城市老建筑，还是北京胡同或者四合院里的老房子，都具有一定的地方特色。其建筑材料和设计手法具有相应的时代感。对于这类建筑的改造，经常是保留整体建筑结构，很多拆除的旧材料也会被再利用，使改造后的建筑和原来的建筑既有新旧对比，也能融为一体。例如，由韩文强主持改造的位于北京胡同里的七舍合院，一方面通过对院落房屋进行整理，加固建筑结构，修复各个建筑界面，使传统建筑的样貌得到了保留；另一方面植入新的生活基础设施和崭新的透明游廊，将原本相互分离的七间房屋连接成一个整体，游廊既组织了交通，又重新划分了庭院空间，制造出观赏与游走的乐趣。再如青山周平改造的位于苏州的清代古宅，保留了建筑原有的木结构及园林特色，在内部增加了现代化的生活设施，新与旧有着各自清晰的逻辑，在对比和碰撞中和谐共存。

◎ 七舍合院胡同四合院改造 / 建筑营设计工作室 / 吴清山
　七舍合院胡同四合院改造前后对比

◎ 苏州有熊文旅公寓古宅改造 / B.L.U.E. 建筑设计事务所 / Eiichi Kano
　苏州有熊文旅公寓古宅改造前后对比

4.2 老旧小区改造

2020 年 7 月 20 日，国务院办公厅印发《关于全面推进城镇老旧小区改造工作的指导意见》（以下简称《意见》）。《意见》指出，城镇老旧小区改造是重大民生工程和发展工程，对满足人民群众美好生活需要、推动惠民生扩内需、推进城市更新和开发建设方式转型、促进经济高质量发展具有十分重要的意义。财政部于 2019 年和 2020 年分别安排了 300 亿元和 303 亿元，支持地方用于老旧小区改造。街道、小区院落、生活类建筑老化，基础设计不完善，生活环境差是许多老旧小区居民共同的困扰，也是城市管理的难题。老旧小区普遍存在管网破旧，上下水、电网、煤气、光纤设施缺失或老化严重，机动车和非机动车存放混乱，物业管理匮乏，乱搭乱建，绿化带变为私人菜地等问题，不仅给居民的正常生活带来极大的不便，也影响城市面貌。在全国范围内，由于地区之间的差异较大，因此在改造时要因地制宜，根据实际需求来制定改造清单，听取群众的实际需要，尊重地区之间的差异性。老旧小区改造主要包括基础设施改造，如供水、排水、供电、弱电、道路、供气、供热、光纤入户、消防设施及通道、垃圾分类、小区内建筑物屋面、外墙、楼梯等公共部位维修和市政基础设施的完善。除此之外，为满足居民生活便利需要，可对小区升级改造做出进一步的完善工作，包括环境及配套设施改造建设、小区内建筑节能改造、有条件的楼栋加装电梯等。其中，改造建设环境及配套设施包括拆除违法建设，整治小区及周边绿化、照明等环境，改造或建设小区及周边适老旧设施、无障碍设施、停车库（场）、电动自行车及汽车充电设施、智能快件箱、智能信包箱、文化休闲设施、体育健身设施、物业用房等配套设施。最后，为丰富社区服务供给、提升居民生活品质，应立足小区及周边实际条件，积极推进配套生活设施的改善，包括改造或建设小区及周边的社区综合服务设施、卫生服务站等公共卫生设施、幼儿园等教育设施、周界防护等智能感知设施，以及养老、托育、助餐、家政保洁、便民市场、便利店、邮政快递末端综合服务站等社区专项服务设施。对于历史文化街区，则应坚持保护优先，注重历史传承，兼顾完善功能和传承历史，落实历史建筑保护修缮要求，保护历史文化街区，在改善居住条件、提高环境品质的同时，展现城市特色，延续历史文脉。

4.3 城市滨水空间改造

滨水空间作为城市公共空间的重要组成部分，是自然景观和人文景观的结合体，是人们亲近自然的重要场所之一。因此，城市滨水空间的更新与改造是改善城市生态环境、调节局地气候和实现可持续发展的重要举措。除此之外，滨水地带作为水陆交界地，其自然环境特色鲜明，在改造中对其生态环境进行修复，并尽可能地创造更多开敞的公共空间，为居民提供放松身心的娱乐休憩环境，也是滨水景观改造的重要目的。针对滨水空间设计，首先要尊重其原有的自然特征和城市文脉，充分发挥自然的组织能力，在设计过程中就地取材，保持其原有的景观特色和格局，使自然环境和人造环境协调共生，凸显城市特色。具体而言，在滨水空间设计中，需要注意把控不同景观元素之间的关系，合理布局，选择适合当地气候环境的植物进行栽种，并保护生态环境。与此同时，还要计算环境容量，进行防洪设计，加建防汛墙，提供停车场、紧急避难空间等场地和设施。例如，由刘宇扬主持设计的上海民生码头水岸改造及贯通项目，在保留原有产业遗存空间特质的前提下，置入新的活动空间。设计从竖向入手，结合对地形和基础设施的细致分析与推敲，用绿坡、步道、台阶和广场等不同方式将场地的高程关系重新组合，将这里打造成上海黄浦江东岸最具特色的都市休闲型水岸空间。

© 上海民生码头水岸改造及贯通 / 刘宇扬建筑事务所 / 田方方
上海民生码头水岸景观改造前后对比

4.4 商业街及商场改造

位于城市中心地带的商业步行街，在很大程度上可以反映出一座城市的经济发展水平。商业街的功能也早已不只是局限于购物，除了传统的零售外，新型商业街往往会融入更多类型的娱乐体验活动，包括露天音乐会等室外表演项目，同时也是艺术文化、创意产业等的重要交流地。商业街区更新改造作为城市改造的一部分，不仅仅能提升消费场景，为消费者提供更好的消费体验，其辐射范围也在进一步扩大，周边的居民区、办公楼等都会受其影响，从而全方位地带动和整合周边资源，促进区域发展。商业街改造中的一大难点是沿街店铺较多，千店千面，产权较为分散。怎样将沿街立面整体升级，使其具有统一性，又能使各个店铺保持自己的特色，是设计者需要重点考虑的因素。除此之外，商业街的改造还伴随着基础设施升级、相关配套景观设计、道路铺装等。对于一些年代久远的商业街，除了要通过改造达到商业升级的目的，还要注重历史风貌的保护和文脉的传承。例如北京华润凤凰汇购物中心里巷改造，设计师对沿街商铺的外立面采用横向百叶的设计语言将其统一起来，这样在视觉上就有了更强烈的主题化联系；同时在街道上增设了儿童游乐区、景观雨棚、公共休闲座位，以及可举办市集、露天音乐会等户外活动的灵活空间，满足了周边居民及游客的需求，使其成为一条专注于服务社区生活的公共性街道，为城市商业街的有机更新树立了新典范。

◎ 北京华润凤凰汇购物中心里巷改造 / Kokaistudios / 金伟琦
街道改造前后对比

© 天健领域改造更新 / BEING 时建筑 / LikyFoto
商场外观改造前后对比

4.5 位于城市中心的公共绿地改造

随着城市发展进程的日益加快，以及人们物质生活的日益富足，市民对于城市公共绿地的建设也有了更高的要求与期待。公共绿地作为城市的一张名片，见证了城市发展的兴衰，是城市经济文化发展的真实写照。以各类公园、街边绿地和广场为代表。它不仅是城市文化与形象的窗口，而且在体现城市精神与文脉的同时也是居民日常交流与活动的重要舞台。目前，旧城区里的公共绿地改造仍然是城市更新的重要组成部分。一些社区公共绿地在规划之初便缺少对城市文化的理解，往往千篇一律，缺少美感和辨识度。除此之外，还存在着基础设施配备不足，空间质量不高，没有结合居民的实际需要，过于追求形式主义而忽视了人文关怀等问题。公共绿地最终是服务于人的，因此在设计中首先要遵循以人为本的基本原则，鼓励居民参与到改造中去，根据居民的实际需要来进行改造，并且提倡功能的多样化设计，让公共绿地可以灵活满足不同使用群体的需要，同时还要注意满足残障人士的使用需求，让环境更加人性化。其次，在改造过程中，要逐一分析各类公共绿地的组织规律、布局特点、与周边环境的关系及所承载的职能范围，从点、线、面的不同维度出发，做到因地制宜。最后，在改造过程中要尊重当地的文化属性，透过现代化的外表，也能看到一座城市的历史及应有的特色。

© 安亭新镇中央广场改造 / Kokaistudios/ Marc Goodwin
改造后的广场为市民提供了休闲娱乐空间

4.6 遗留的老旧工业厂房改造

　　随着产业结构的不断调整，大量工业建筑丧失了其原有的使用功能。对其改造最终要达到的效果即是对空间进行重组，从而使其能够再次被利用，实现其全新的功能。工业建筑具备其他类型建筑所不具备的特殊性——内部空间高大开敞，承重能力好，平面布局简单，工业风格自成一派等。根据常见的旧工业建筑空间类型，可将其改造成对应的适宜空间。例如，常规型旧厂房适宜改造成办公、居住、餐饮空间，大跨型旧厂房适宜改造成美术馆、艺术馆、博物馆等大型公共活动空间，特异型旧厂房可根据其外观的特殊性改造成创意性空间。工业建筑是特定时期的历史产物，通常伴有不可再生性、传承性、旅游观赏性等特征，是极为珍贵的历史及文化资源。在建筑改造之前，应对其历史遗存现状、建造背景、原始用途及状况、修缮记录、配套图纸、所在地自然状况等内容进行充分调研，以确定既有建筑所属保护等级，并制定与之匹配的改造标准，例如本书收录的宝山再生能源利用中心概念展示馆项目。众所周知，上海宝钢在我国的重工业领域有着举足轻重的地位，该展示馆位于宝钢第一炼钢厂的所在地，设计师在对其进行改造的过程中其实肩负着一种社会责任。这里可以展示模型、图纸和规划，可供开发商、客户及潜在的租户参观，也将接待学生们，使其了解绿色能源战略，从而发挥重要的教育作用。

© 宝山再生能源利用中心概念展示馆 / Kokaistudios / 张虔希

5 城市微更新的价值与意义

　　城市微更新是一项公共事业，其目的是通过对城市存量空间的改造，推动城市结构的优化和品质的提升，从而改变城市综合面貌以及居民的生活环境。城市微更新在持续促进经济社会健康发展、不断满足群众日益增长的物质及文化生活需要上有着重要的作用。

5.1 提升城市竞争力及土地的使用价值

　　从城市发展的角度来看，城市微更新可以重新规划城市区域的功能，从而完成产业结构和用地结构的调整；相关的市政建设也可以起到改善居住及营商环境、改善交通问题、盘活土地价值、为城市挖掘空间服务力等作用，从而总体提高城市的综合竞争力。

© 爱马思艺术中心 / 建筑营设计工作室 / 王宁
被改造成艺术中心的老厂房为市民提供了互动娱乐空间

　　除此之外，城市微更新的价值还体现在土地使用效率的提高上。城市土地空间有限，城市微更新可以通过对老旧社区的改造，以及城市中工业用地的使用功能置换，来增加居住及商用空间的容积率，从而缓解土地供求的矛盾，使土地价值得到进一步提升。城市微更新除了可以给地方政府带来土地出售的收入外，还可以为地方政府培育新的税源并带来相应公共事业的收益，充分发挥旧城区聚焦经济效益的作用。

◎ 北京华润凤凰汇购物中心里巷改造 / Kokaistudios / 金伟琦
　改造后的商业街为游人增加了休闲娱乐的场所

5.2 有利于居民物质及精神文化生活的提升

　　从人文生活角度来看，城市微更新可以实现居民从物质满足到精神丰盈的过渡。在我国城市化发展进程中，难免会出现追求建设速度和规模，却忽视了人居环境质量的问题，从而导致城市的宜居性、包容性、系统性不足等弊病。以城市微更新的方式对土地资源进行二次开发利用，能有效拓展城市的空间容量，丰富完善城市功能，为居民提供完善的公共基础设施，让居民享受丰富的商业生活配套，改善生态环境，提升生活品位，营造和谐的居住氛围。

◎ 良友红坊 ADC 艺术中心及社区景观改造 / UAO 瑞拓设计 / 赵奕龙
　改造后的厂区保留了具有年代感的标志性建筑，展现了厂区的历史

5.3 对城市印记的保留

　　城市改造中的大拆大建很容易破坏城市原有的文脉及特色，同时造成资源的浪费。因此在城市微更新的过程中，要坚持理念创新、方式创新，不仅要通过城市更新改造来改善民生，还要保留城市原有的印记，延续城市的历史及人文价值，努力走出一条城市更新的新路径。以上海市为例，历经时代更迭，外滩依旧是近代以来上海最闪耀的城市名片。上海市南京路步行街中央广场改造过程中，除了增加公共配套设施，提供休闲场所以外，对于原有的历史性建筑则按照"重现风貌，重塑功能，修旧如故"的总体要求进行修缮。修缮改造中保留了老建筑原有的风格，采用保护性手段对原有外墙进行了清洗和修缮，恢复了外墙原本的立面特色，使墙面原本的花饰和凹凸肌理得以重现。修旧如故，在确保原有城市肌理完美保留的同时，让沿街风貌统一和谐。街区的历史风貌和历史建筑的保留与保护留存了城市记忆；改造之后的建筑很好地延续了城市的历史风貌；市民及游客通过近距离接触这些建筑，可以切身体验这座城市历史文化的积淀，同时这些建筑的使用价值也得到了尽可能大的发挥。

参考文献

[1] 魏志贺. 城市微更新理论研究现状与展望 [J]. 低温建筑技术，2018，40（2）：161-164.

[2] 李爱民，袁浚. 国外城市更新实践及启示 [J]. 中国经贸导刊，2018（27）：61-64.

[3] 藏泓. 城市公共空间设计策略探析 [J]. 鞍山师范学院学报，2018（4）：78-81.

案例赏析

- ■ 城市滨水空间改造
- ■ 老旧工业建筑改造
- ■ 老旧独立居住及办公空间改造
- ■ 商业空间及商用建筑改造
- ■ 城市广场改造
- ■ 学校改造

上海民生码头

水岸改造及贯通

项目地点： 上海市浦东新区
设计单位： 刘宇扬建筑事务所
主持建筑师： 刘宇扬
项目主管： 王珏
建设单位： 上海东岸投资（集团）
有限公司

民生码头水岸景观及贯通
项目规模： 27191.5m²
项目建筑师： 吴亚萍 / 陈卓然
设计团队： 陈晗 / 俞怡人 / 陈薇伊
林璨 / 和亦宁 / 贺雨晴 / 左尧
摄影师： 田方方

洋泾港步行桥
项目规模： 总长 140m/ 总宽
10.75m/ 主桥跨度 55m
项目建筑师： 吴亚萍（概念 + 深化阶段）
设计团队： 杨一萌 / 温良涵
薛海琪（概念阶段）
驻场建筑师： 王珏
摄影师： 田方方

民生轮渡站
项目规模： 645m²
构筑物面积： 282m²
方案概念： 陈卓然 / 吴亚萍
薛海琪（实习生）/ 温良涵（实习生）
方案扩初： 陈卓然 / 陈晗 / 林一麟
和亦宁（实习生）
驻场建筑师： 王珏
摄影师： 章勇

1. 西段景观
2. 洋泾港步行桥鸟瞰

项目综述

　　上海民生码头水岸改造及贯通项目的主体工程为民生码头水岸景观及贯通，东侧连接洋泾港步行桥，西侧贯通民生轮渡站区域，并连接新华滨江绿地。基于城市设计的整体性和延续性，设计师通过低线漫步道，中线跑步道，高线骑行道"三线贯通"的设计手法，创造了丰富多样的慢行空间及游赏体验。这是一个极具公共性与历史感的滨水空间，也是一座自带流量和充满活力的景观基础设施。经过了近两年的景观改造和贯通工程，民生码头水岸已成为上海最新的城市水岸地标。

　　为了呼应"艺术 + 日常 + 事件"主题，建筑师在设计伊始就采用"旧骨新壳、旧基新架、新旧同生"的策略，自东向西依次规划了林木绿坡区、滨水步廊区、中央广场区、架空贯通道等多种相互叠加的活动空间，在保留原有产业遗存空间特质的前提下，置入新的活动空间。多种活动空间的叠加，使整体流线的规划组织可以满足日常及庆典两种不同活动的需求。这里将成为未来上海黄浦江东岸最具特色的都市生态休闲型水岸空间。

3. 民生轮渡站鸟瞰
4. 民生轮渡站从东向西鸟瞰

　　基于城市空间的整体性和延续性，通过标高 5.2m 的低线漫步道，坐落在标高 7m 的防汛墙以上的中线跑步道，和逐步起坡到最高点 11m 的架空高线骑行道，形成"三线贯通"的总体设计，创造了丰富多样的行进路径、驻足空间及游赏体验。

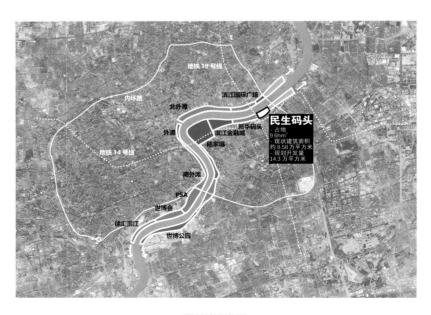

项目总体区位图

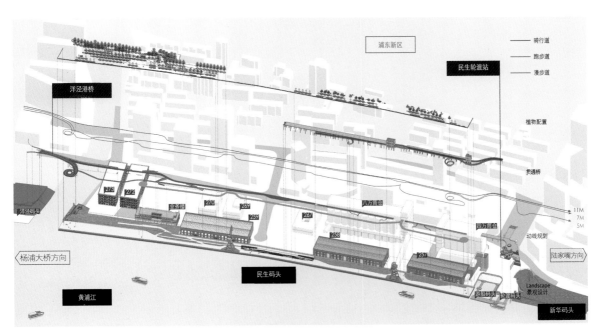

贯通轴侧爆炸图

民生码头水岸景观及贯通
（1）设计思路

　　工业水岸有它自身强大的视觉魅力，而不需要进行过多的装饰与设计。但原有的防汛墙却不可避免地形成了街道与水岸的阻隔和城市空间的割裂。设计从竖向入手，结合对地形和基础设施的细致分析与推敲，用绿坡、步道、台阶和广场等不同方式将场地的高程关系重新组合，新旧糅合，实现了场地空间、景观和动线的连续性，大大改善了人们进入水岸空间的体验感。

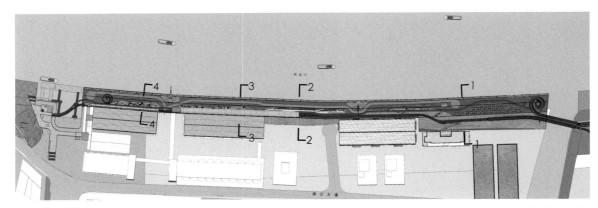

剖面位置索引图

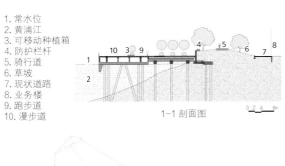

1. 常水位
2. 黄浦江
3. 可移动种植箱
4. 防护栏杆
5. 骑行道
6. 草坡
7. 现状道路
8. 业务楼
9. 跑步道
10. 漫步道

1-1 剖面图

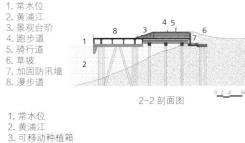

1. 常水位
2. 黄浦江
3. 景观台阶
4. 跑步道
5. 骑行道
6. 草坡
7. 加固防汛墙
8. 漫步道

2-2 剖面图

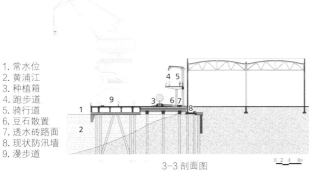

1. 常水位
2. 黄浦江
3. 种植箱
4. 跑步道
5. 骑行道
6. 豆石散置
7. 透水砖路面
8. 现状防汛墙
9. 漫步道

3-3 剖面图

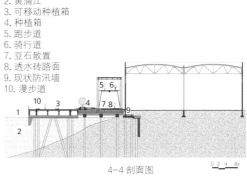

1. 常水位
2. 黄浦江
3. 可移动种植箱
4. 种植箱
5. 跑步道
6. 骑行道
7. 豆石散置
8. 透水砖砖面
9. 现状防汛墙
10. 漫步道

4-4 剖面图

场地剖面图

5~10. 同一区位改造前后对比
11、12. 雪后的贯通桥与中央广场
13. 中段休憩空间
14. 贯通桥下景观

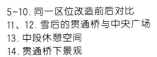

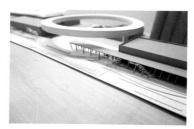

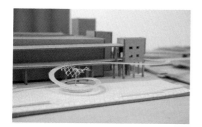

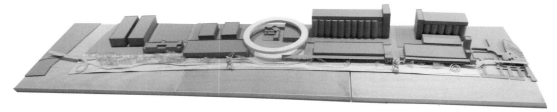

模型推敲图

15

16

（2）细节设计

　　场地东段起始于从洋泾港桥下来的两个引道。靠陆域侧是一个有 4% 坡度的自行车道，平行于水岸线笔直地进入防汛墙标高以上的堆坡。靠水域侧是一个直径 12m 的半螺旋步行台阶，使行走于桥上的人们能徐徐回旋下降到码头上，在行进过程中以近 270° 的环形视野，远眺黄浦江两岸和陆家嘴金融区的壮美景致。

15. 从水面望向贯通桥
16. 螺旋坡道
17~20. 不同角度的贯通桥

17

18

19

20

以筒仓形式为灵感，由模块化金属树箱组合而成的江岸树阵，种植白玉兰、重阳木、香樟、乌桕等乔木和多种草本花卉，让市民可在林中穿行，感受树影婆娑。高低错落的地形、光影交织的树林、与江风嬉戏的人群，日照晚霞中的水洗石座椅和丝网栏杆，与黄浦江上穿梭的船舶和对岸的城市天际线共同形成了丰富、灵动、有层次的风景 。码头上设置的树箱和座椅延续了东段的树阵空间，为人们提供逗留和休憩的场所。富有微地形的绿化植栽及步道供人们快慢穿行于其中。

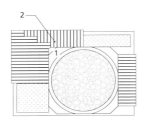

移动树箱平面图

1. 清水混凝土
2. 1050mm×80mm×30mm 木条椅面

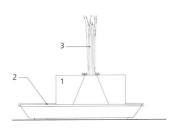

移动树箱立面图

1. 清水混凝土
2. 1050mm×80mm×30mm 木条椅面
3. 经挑选的植物

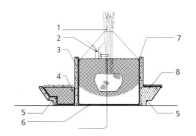

移动树箱剖面图

1. 经挑选的植物
2. 上照射灯
3. 无纺布滤水层
4. 种植槽
5. 软条灯带
6. 30mm 厚蓄排水板
7. 内侧预埋固定铁钩
8. 休息木座椅

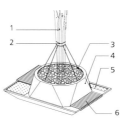

移动树箱轴测图

1. 经挑选的植物
2. 植物固定保护套
3. 内侧预埋铁钩
4. 清水混凝土树箱
5. 种植槽
6. 休息木座椅

21. 水岸东段景观与活动步道
22~24. 水岸东段景观步道及
可移动树箱和草箱

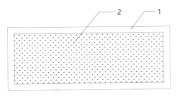

1. 清水混凝土种植箱
2. 种植草

移动草箱平面图

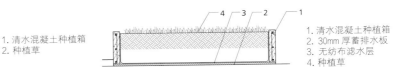

1. 清水混凝土种植箱
2. 30mm 厚蓄排水板
3. 无纺布滤水层
4. 种植草

移动草箱剖面图

1. 清水混凝土种植箱

移动草箱立面图

1. 清水混凝土种植箱
2. 种植草

移动草箱平面图 / 轴测图 / 剖面图

民生艺术广场位于民生码头的中央位置。设计结合了防汛墙标高而形成可举办各类活动的开放式滨水空间。这里是供民众游览、驻留与拍摄黄浦江东岸向陆家嘴金融区和饱览城市天际线的全新视点，也成了自开放以来可供市民休憩、游走、跳广场舞和进行其他即兴活动的最佳场地。广场上的大台阶与穿插于其中的绿植小平台相得益彰，人们通过数条斜坡道可走向码头。沿江处保留在原位置的系船柱、水洗石矮墙和灯光形成具有历史感的人文景观。

25. 民生艺术广场上聚集的人群
26. 贯通桥保留的工业结构
27. 东段景观

　　西段的高桩码头岸边景观设计，通过铺装的整合保留了原塔吊的运输轨道，但对塔吊的位置进行了调整，在保留其历史样貌的同时，赋予其贯通景观标识与指引的新价值，并为以后的发展和改造预留了空间。

　　骑行和跑步贯通道从民生艺术广场架设到转运站，连接民生轮渡站区域，从 7m 的防汛墙标高一路爬升到 11m 的轮渡站顶部广场标高。原场地上的混凝土构架与新建的钢结构步道自然融合并相互支撑，两个极富戏剧性的螺旋坡道将西段地面景观与之相接，在满足行人及自行车通行需求的同时，也提供了贯通桥底部漫步道的游弋观景。对原结构进行加固和新增加的玻璃顶面，使原有的工业运输物流流线转化为城市景观的人流流线。258 仓库前的廊道桥在现有跨度内加入大坡道连通转运站及 257 仓库前的廊道。其中，对转运站的原始结构和面层肌理进行最大限度的保留，芥末黄涂料的面层喷涂不费力气地赋予了原有空间一个全新的穿行体验。当行走于整体近 400m 的架空贯通道中时，黄浦江景象如画卷般一一展现。这是一个融合当代城市与后工业景观的转化过程，是一个激活水岸断点与强化游憩体验的景观基础设施，也是城市建设中最具特色的空间营造策略。

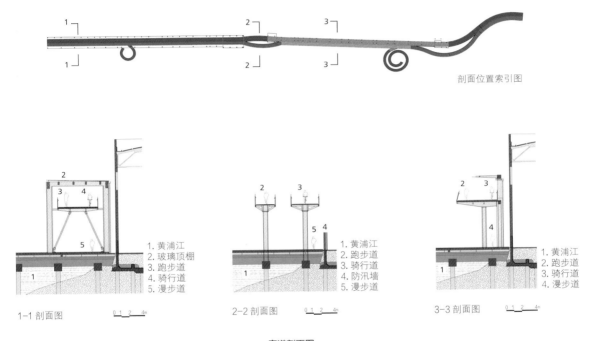

剖面位置索引图

1-1 剖面图　　　0 1 2　4m

1. 黄浦江
2. 玻璃顶棚
3. 跑步道
4. 骑行道
5. 漫步道

2-2 剖面图　　　0 1 2　4m

1. 黄浦江
2. 跑步道
3. 骑行道
4. 防汛墙
5. 漫步道

3-3 剖面图　　　0 1 2　4m

1. 黄浦江
2. 跑步道
3. 骑行道
4. 漫步道

廊道剖面图

洋泾港步行桥

（1）项目概述

  洋泾港步行桥位于杨浦大桥旁的洋泾港，是浦东东岸开放空间贯通的第一座慢行桥梁。结构形式为钢结构异型桁架桥，主桥宽10.75m，跨度55m，总长度为140m。设计将结构、功能及造型三者结合，利用高差分流骑行、跑步及漫步功能。跨洋泾港，指陆家嘴，清水一道为泓，结构如弓，隐喻黄浦江东岸第一桥、蓄势待发之张力，是为"慧泓桥"。

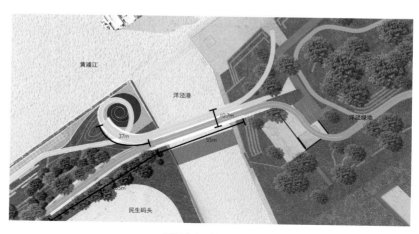

洋泾港步行桥总平面图

28. 洋泾港步行桥全貌
29. 夜间效果图
30. 日间效果图
31、32. 模型图

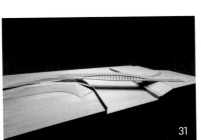

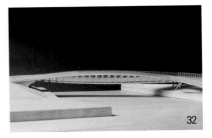

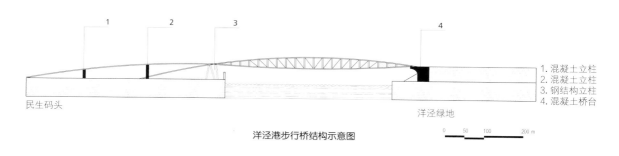

1. 混凝土立柱
2. 混凝土立柱
3. 钢结构立柱
4. 混凝土桥台

民生码头   洋泾绿地

洋泾港步行桥结构示意图

0   50   100   200 m

（2）工程范围

洋泾港步行桥工程范围西侧从民生艺术码头的桥台开始，东至洋泾绿地公园内的桥台结束，包含桥下洋泾港沿岸的防汛墙和部分绿地。主桥部分采用异型桁架结构一跨过河，民生码头段引桥均采用钢箱梁，骑行道引桥总长85m，宽4.5m，慢行道（含跑步道和漫步道）引桥长37m，宽6.5m。桥体以优雅的曲线回应周边景观，将视线引导至其东北侧的杨浦大桥和西南侧的陆家嘴中心建筑群。为了减少对南侧民生码头遗留厂房建筑的影响，桥体选址在了更靠近黄浦江的一侧，避让沿江的防汛墙。

33.桥面局部鸟瞰

33

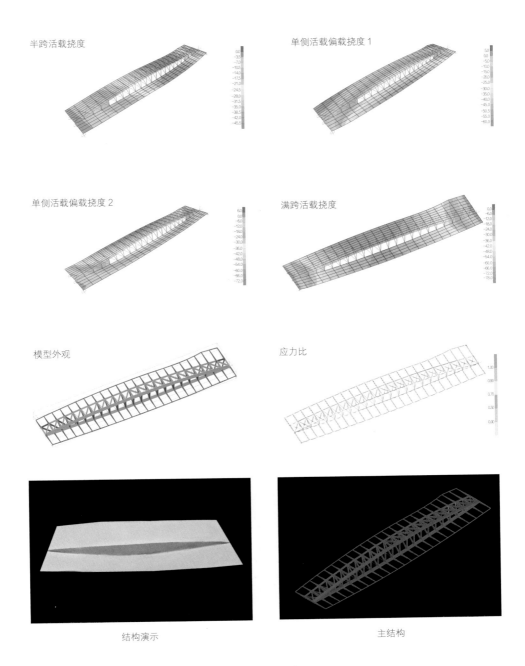

半跨活载挠度

单侧活载偏载挠度 1

单侧活载偏载挠度 2

满跨活载挠度

模型外观

应力比

结构演示

主结构

结构可行性设计示意图

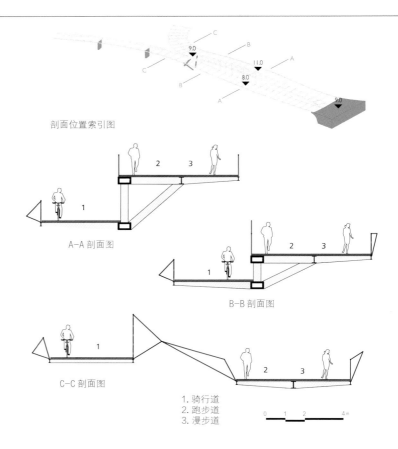

剖面位置索引图

A–A 剖面图

B–B 剖面图

C–C 剖面图

1. 骑行道
2. 跑步道
3. 漫步道

洋泾港步行桥剖面图

（3）细节设计

桁架结构跨度 55m，高度 4m，利用高差隔开骑行道与漫步道区域，保证安全通行互不干扰，各自拥有良好的观景视野。为适应不同通行方式的坡度需求，设计将梭形上下弦的弧度进行了调整。将骑行道布置在平缓的桁架下弦，坡度均控制在 4% 以内，提供舒适安全的骑行体验，沿江侧靠竖杆形成防护界面。漫步道和跑步道布置在桁架上弦，跑步及步行能适应 10% 的坡度，局部坡度较大处设置缓步台阶，视野开阔处桥面放宽形成驻足休憩的空间。桥面铺装采用统一的环氧树脂材料，深灰色为骑行道，红色为跑步道。桥面放宽处，再次使用深灰色划分出漫步区域。

为了预留未来河道的通航高度，桥底需达到绝对标高 9.5m，进一步加大了桥面同两侧码头面的高差。西侧的骑行道引桥平缓地接入民生码头的绿坡树林，自然而又不经意地就跨越了防汛墙。漫步道采用螺旋曲线的形式，在局促的码头空间内获得足够的引桥长度，引导人流进入空间层次更为丰富的民生艺术码头。主桥东侧过桥台后直接接入洋泾绿地的步道，以标志性的栏杆语汇延伸入场地内部。

施工过程图

34. 桥体栏杆
35、36. 桥面局部效果

栏杆部分采用氟碳喷涂圆钢管，拼接出起伏变化的三角形变截面连续体量。如粼粼波光般的不锈钢绳网，通过绕绳法的固定方式与杆件合二为一。栏杆一侧为过桥管线预留空间，保证桥身桁架空间的完整性。夜间的灯光照明设计，将点光源和线性光源结合，洗亮栏杆网面及结构桁架。整体桥身喷涂铂金色，造型轻盈，如彗星划过天际，勾勒出黄浦江东岸的崭新气象。

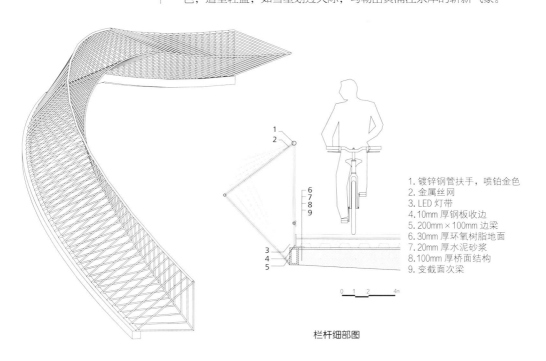

1. 镀锌钢管扶手，喷铂金色
2. 金属丝网
3. LED 灯带
4. 10mm 厚钢板收边
5. 200mm×100mm 边梁
6. 30mm 厚环氧树脂地面
7. 20mm 厚水泥砂浆
8. 100mm 厚桥面结构
9. 变截面次梁

栏杆细部图

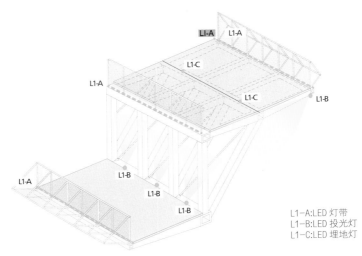

L1-A:LED 灯带
L1-B:LED 投光灯
L1-C:LED 埋地灯

灯光设计

民生码头一侧的桥下空间，结合洋泾港防汛墙改造，设置了一处观景平台。利用防汛墙作为围栏，采用下沉树池结合台阶的手法与周边景观结合。基于城市设计的整体性和延续性，步行桥将成为融合市民活力和城市美学的基础设施。从贯通到连接，城市陆域水网的"断点"因桥而变，激发了都市水岸景观的蓬勃生命力。

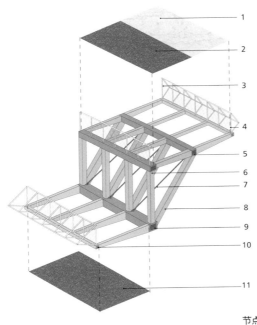

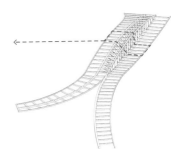

1. 人行道：石材
2. 跑步道：黑色环氧树脂地面
3. 丝网护栏
4. 护栏立杆：三角桁架 @800mm
5. 箱型主梁：700mm × 250mm
6. 箱型主梁：700mm × 300mm
7. 拉索结构：直径 70~100mm
8. 桁架斜杆：200mm × 400mm
9. 结构箱型主梁：400mm × 700mm
10. 次量：100mm × 200mm
11. 骑行道：骑行专用黑色环氧树脂地面

节点大样

民生轮渡站

（1）项目位置特点

　　民生轮渡站位于民生路尽端，北临黄浦江，西侧连接新华绿地，东侧通过慧民桥连接民生艺术码头。作为联系黄浦江两岸的水上交通基础设施，同时也是东西两侧滨江贯通的重要景观节点，民生轮渡站的整体设计将建筑融入周边景观，并通过上下层功能分离的设计策略，将出入轮渡站的人流同滨江贯通道合理分流。

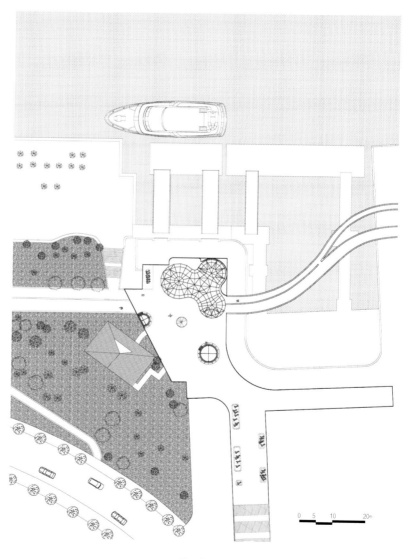

场地总平面图

37. 一层入口
38. 通往二层的楼梯
39. 一层停车空间
40. 轮渡站与贯通桥相连相通
41. 轮渡站登船通道
42. 轮渡站二层活动平台

（2）建筑的两层空间

建筑共分两层，高度 9m，建筑面积为 645m²。一层主要为轮渡站候船厅及站务用房，主要流线为南北向；二层为配套设施，可服务周边贯通道，提供便民设施。上部为覆盖金属网的景观构筑物，结合夜景灯光变化成独特的地标建筑。

一层轮渡站大厅为南北向开敞，并设置天窗，为狭长的空间带来自然光线。大厅西侧布置站务用房以及可以对外开放使用的公共厕所。一层层高5.5m，整体都位于漫步道平台下方。二层空间连通贯道，具有良好的江景视野，顶部构筑物采用钢构架及金属丝网，配合灵动活泼的几何造型，成为慧民桥西端的重要节点，搭配攀缘绿植，提供遮阳的休息空间。

民生轮渡站及其周边的公共开放空间，在承载基础设施和交通功能的同时，也为滨江游憩提供了多元的体验。

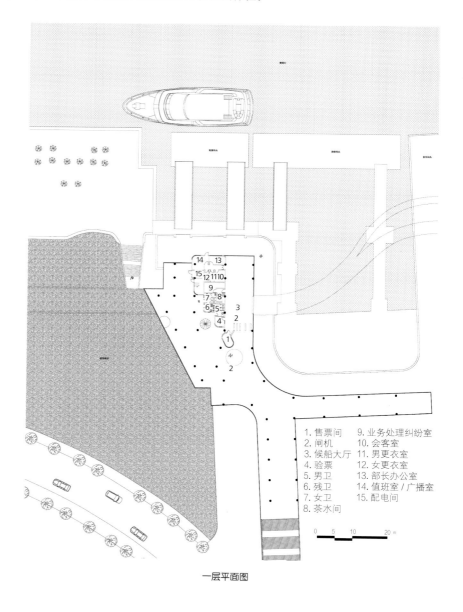

1. 售票间　　9. 业务处理纠纷室
2. 闸机　　　10. 会客室
3. 候船大厅　11. 男更衣室
4. 验票　　　12. 女更衣室
5. 男卫　　　13. 部长办公室
6. 残卫　　　14. 值班室 / 广播室
7. 女卫　　　15. 配电间
8. 茶水间

一层平面图

43、44.轮渡站与贯通桥
相连相通

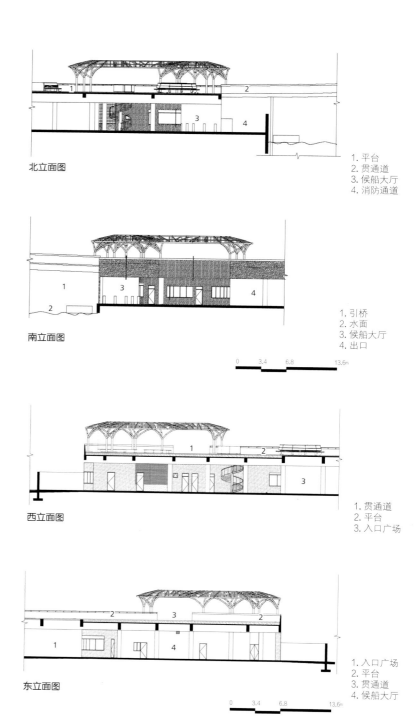

北立面图

1. 平台
2. 贯通道
3. 候船大厅
4. 消防通道

南立面图

1. 引桥
2. 水面
3. 候船大厅
4. 出口

0　　3.4　　6.8　　13.6m

西立面图

1. 贯通道
2. 平台
3. 入口广场

东立面图

1. 入口广场
2. 平台
3. 贯通道
4. 候船大厅

0　　3.4　　6.8　　13.6m

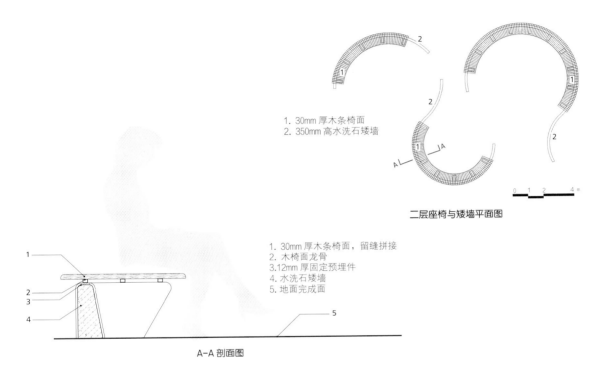

1. 30mm 厚木条椅面
2. 350mm 高水洗石矮墙

二层座椅与矮墙平面图

1. 30mm 厚木条椅面，留缝拼接
2. 木椅面龙骨
3. 12mm 厚固定预埋件
4. 水洗石矮墙
5. 地面完成面

A-A 剖面图

45. 二层平台夜景

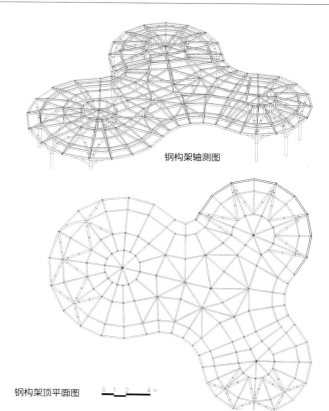

钢构架轴测图

钢构架顶平面图

0 1 2 4m

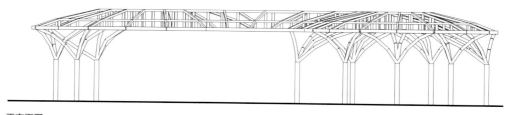

正立面图

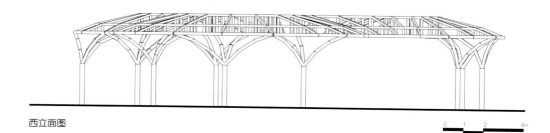

西立面图

0 1 2 4m

项目改造的意义

　　作为上海市的重大战略，黄浦江两岸综合开发规划是一个承载历史、面向未来的宏伟愿景。通过对这个愿景的具体描绘，在满足三线贯通、衔接街区、市民活动、和生态环保的前提下，民生码头的改造打造了黄浦江东岸从杨浦大桥以西往陆家嘴方向的第一个重要都市型休闲水岸开放空间节点。

46. 跑步道与骑行道贯通二层
47. 钢结构景观下方的活动空间
48. 码头沿岸景观
49. 洋泾港步行桥及周边景观

良友红坊 ADC 艺术设计中心及社区

景观改造

项目地点:
湖北省武汉市

建筑面积:
4891m²

景观面积:
33561.74m²

设计公司:
UAO 瑞拓设计

主创设计师:
李涛

建筑设计团队:
胡炳盛 / 孔繁一 / 李龙 / 张杰铭
龙可成 / 晏罗谛 / 王纤惠

景观设计团队:
胡炳盛 / 邹月勤 / 童亭
孔繁一 / 董昊

摄影师:
赵奕龙 / 李涛

项目改造背景及厂区原貌

  武汉良友红坊文化艺术社区的前身是 20 世纪 60 年代的老厂房,20 世纪 90 年代又被作为建材市场使用。城市化的进程使得这个位于汉口三环线内的厂区逐步被边缘化:杂草丛生、建筑破旧、排水不畅等问题困扰着这个原来的城市"棕地",也使得这个节点如同一块城市伤疤,急需进行一场在地"手术"。2018 年,上海红坊集团接手了这个厂区的运营,立志将其改造为文化创意企业的办公园区。UAO 瑞拓设计受红坊集团委托,对园区的景观设计和核心建筑 ADC 艺术设计中心进行了改造设计。

1. 高耸的 A 字造型
2. 园区鸟瞰

　　场地原有的法国梧桐，红砖厂房、坡屋顶红瓦屋面，内部的松木桁架，80年代典型的庭院设施（蘑菇形状的混凝土亭子、水池里的白鳍豚雕塑），高耸的红砖烟囱，水塔等都给人留下了深刻的印象。这些70~80年代"单位大院"里日常的物件或构筑物，突然出现在现代化大都市的核心区域内，就莫名产生了一种距离感，同时又带给UAO的70后和80后的设计师们一种亲切感，仿佛回到了小时候的生活场景。

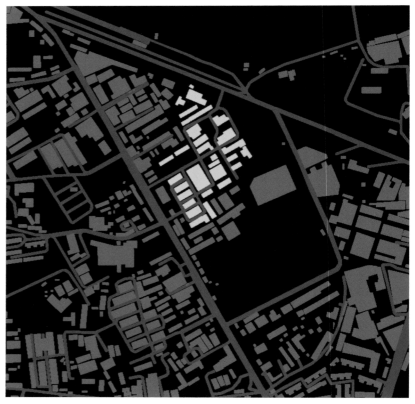

项目区位图

3. 建筑正立面
4~13. 同一区域改造前后对比

厂区的总体布局，是典型的行列式厂房布局，但各个厂房又是不同年代的建设产物：有 20 世纪 60 年代红砖、单层木桁架和瓦屋顶的厂房；有 20 世纪 80 年代多层砖混结构、水磨石外表面的厂房；还有 20 世纪 90 年代瓷砖或小马赛克外表的楼房；更有后来各个租户自己加建的临时建筑。这些单层或多层建筑，被棋盘式的道路划分成一块块面积相对均衡的区域。虽然场地密度大体均质，但也在场地的两块区域，出现了比较大的空地：一块是一进主门后，由原有小游园和大车停车场组合成的中心广场区域，另一块是场地东北侧原"板栗仓库"门前的卸货区域。后来的调查发现，中心广场区域本身承载了场地原有停放重型卡车的功能，基础混凝土厚重，空间较大；而板栗仓库门前区域，因为其下是一个地下冷藏库，所以地上空地就在后来的"私自加建"过程中幸存下来。由于板栗仓库建筑是冷库，因此具有和厂区其他建筑完全不同的特质：包裹着灰色水洗石的外立面封闭而厚重，主立面的电梯机房的实体墙面正对着主入口的轴线。

14

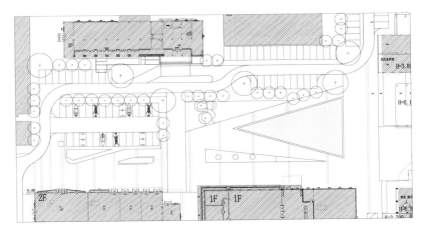

原始改造方案平面图

14. 改造后的园区景观
15. 红砖厂房

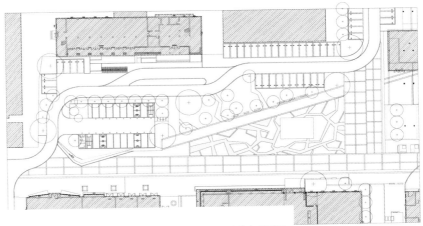

最终改造方案平面图

园区景观设计构思

　　主创设计师李涛通过一条从主入口到老板栗仓库主墙面的轴线串起了主入口和两块主要的空地。这条斜向轴线把中心广场区域划分成了两个三角形的场地。轴线北侧是原有的池塘花园，改造设计填掉了池塘，保留了池塘周边的大树，将其改造为生态停车场。斜轴线3m宽，用红砖铺筑，起点位于大门处，红砖叠砌的三角形景墙背后覆土，形成了对入口停车场的遮挡。斜轴线终点直达板栗仓库的门前大草坪，中间横穿一个建筑。而斜轴线南侧三角形用地的方案历程，并不是直接就达到最理想的状态——因为每个设计师心中都会克制不住自己内心要"强加给予场地设计"的冲动。在最开始的方案中，南侧这个三角形用地被设计成无边界水池，希望能够在场地中间，看到周边老建筑的倒影。原有的用于停放重型卡车的混凝土场地也得以保留。在随后的破拆厂区混凝土广场改为绿化的过程中，挖掘机铿锵有力的声音，棱角分明的碎混凝土块，给了设计师另外一个灵感：把原来停放重型卡车的厚重混凝土整体保留下来！

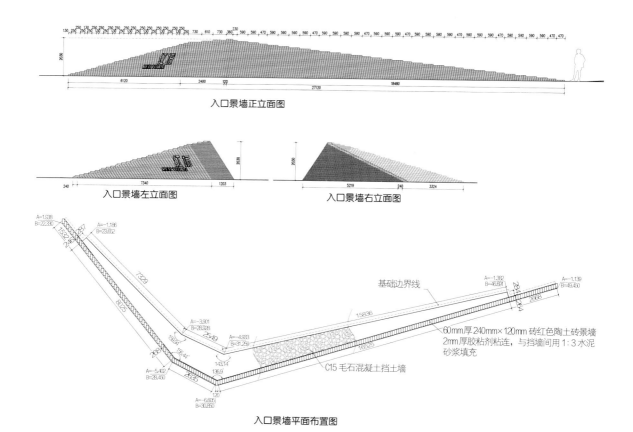

入口景墙正立面图

入口景墙左立面图　　　　入口景墙右立面图

入口景墙平面布置图

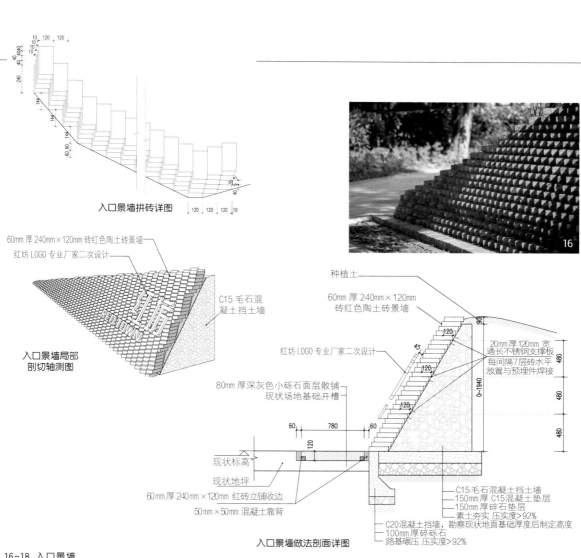

入口景墙拼砖详图

60mm 厚 240mm×120mm 砖红色陶土砖景墙

红坊 LOGO 专业厂家二次设计

C15 毛石混凝土挡土墙

入口景墙局部剖切轴测图

种植土

60mm 厚 240mm×120mm 砖红色陶土砖景墙

红坊 LOGO 专业厂家二次设计

20mm 厚 120mm 宽通长不锈钢支撑板每间隔 7 层砖水平放置与预埋件焊接

80mm 厚深灰色小砾石面层散铺现状场地基础开槽

现状标高

现状地坪

60mm 厚 240mm×120mm 红砖立铺收边

50mm×50mm 混凝土靠背

C20混凝土挡墙，勘察现状地面基础厚度后制定高度

100mm 厚碎砾石

路基碾压 压实度>92%

C15 毛石混凝土挡土墙

150mm 厚 C15 混凝土垫层

150mm 厚碎石垫层

素土夯实 压实度>92%

入口景墙做法剖面详图

16~18. 入口景墙

中心广场的优化

　　中心广场方案的优化，随着红坊甲方把位于上海的"花草亭"搬到武汉再建，也逐渐清晰起来。花草亭是明星建筑师柳亦春和知名艺术家展望合作的一个艺术景观构筑物。几片寓意为"太湖石"的不锈钢薄板，支撑着耐候钢板的屋顶，屋顶上覆土种植了花草。其构思巧妙之处在于不锈钢薄板与屋顶的连接若有若无。而屋顶耐候钢板通过反梁的设计，使得悬挑出去的耐候钢板的轻巧与屋顶厚重的覆土产生了不安稳的对比。所有的设计，用工业感和植物来对比和共生，形成轻、薄的既视感。

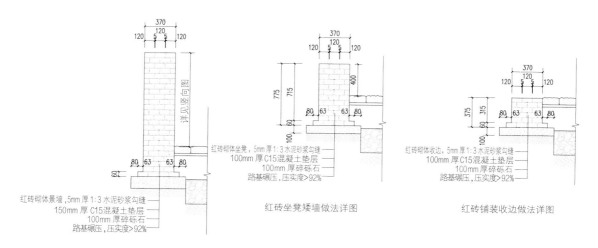

红砖砌体景墙，5mm 厚 1:3 水泥砂浆勾缝
150mm 厚 C15 混凝土垫层
100mm 厚碎砾石
路基碾压，压实度>92%

红砖景墙做法详图

红砖砌体坐凳，5mm 厚 1:3 水泥砂浆勾缝
100mm 厚 C15 混凝土垫层
100mm 厚碎砾石
路基碾压，压实度>92%

红砖坐凳矮墙做法详图

红砖砌体收边，5mm 厚 1:3 水泥砂浆勾缝
100mm 厚 C15 混凝土垫层
100mm 厚碎砾石
路基碾压，压实度>92%

红砖铺装收边做法详图

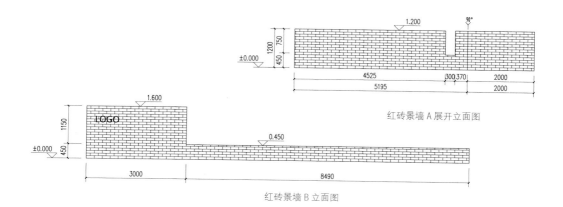

红砖景墙 A 展开立面图

红砖景墙 B 立面图

红砖景墙设计详图

　　什么样的场地才能承载这个"举重若轻"的艺术景观构筑物呢？新的设计，从花草亭支撑钢板的形状开始，将之拓扑到在地面，把不规则的切割手法运用到地面的混凝土上，这也是前面提到的混凝土场地得以保留的原因。不规则切割后宽窄不一的缝隙，回填土后种植草皮，自然延伸了花草亭的设计手法，也让花草亭感觉像就是存在于场地很多年的一件艺术品。花草亭处于广场的中心，与园区核心建筑 ADC 艺术设计中心的 A 字入口处于一条轴线上，建筑的中央光轴，也与花草亭的中心相对，这体现了建筑、景观、室内一体化设计的思想。

19~22. 花草亭细节
23. 建筑及广场上的花草亭

场地的旧物利用、保留、改造对于场所记忆的营造功不可没。首先是保留红砖烟囱、水塔、老的木桁架和瓦屋面，保留具有年代感的雕塑小品，如蘑菇亭、白鳍豚雕塑。其次是利用再造，用霓虹灯管装饰蘑菇亭，把白鳍豚雕塑重新安置在集装箱里，补齐白鳍豚雕塑残缺的部分，一个兼具历史感和时代感的新作品就诞生了。改造中拆下来的红砖被重新组合用于厂区内的花坛、景墙以及铺地。中心广场周边区域被改造成步行区域，原来破损的机动车道不再使用，混凝土路面历经风雨已然裂痕累累，设计师们用切割机将裂缝切开，重新铺上红砖，形成了材质保留和对比的一种亲切感。

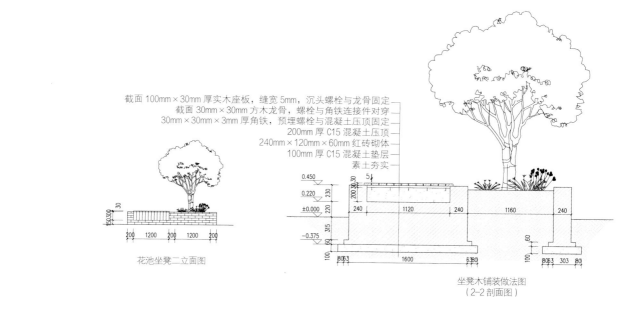

花池坐凳二立面图

截面 100mm×30mm 厚实木座板，缝宽 5mm，沉头螺栓与龙骨固定
截面 30mm×30mm 方木龙骨，螺栓与角铁连接件对穿
30mm×30mm×3mm 厚角铁，预埋螺栓与混凝土压顶固定
200mm 厚 C15 混凝土压顶
240mm×120mm×60mm 红砖砌体
100mm 厚 C15 混凝土垫层
素土夯实

坐凳木铺装做法图
（2—2 剖面图）

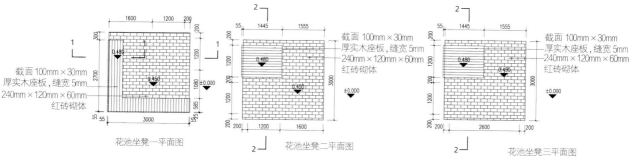

花池坐凳一平面图

花池坐凳二平面图

花池坐凳三平面图

截面 100mm×30mm 厚实木座板，缝宽 5mm
240mm×120mm×60mm 红砖砌体

树池坐凳设计详图

24. 红砖砌筑的花坛
25. 红砖铺地及树池
26、27. 白鳍豚雕塑

北立面

西立面

艺术中心建筑原有结构及改造后的主要用途

　　艺术中心建筑的前身是五栋连在一起的坡屋顶厂房建筑，其中三栋建于 20 世纪 60 年代，原有功能为仓库。其结构形式为砖混结构，木桁架，红色瓦屋面，屋脊高度为 7m。在 20 世纪 90 年代，该建筑的功能转换为建材市场，在三栋建筑的中间空地处加建了两栋厂房。新建的砖柱贴着老仓库的柱子，屋顶为钢桁架结构，石棉瓦屋面，屋脊高度为 9m，相邻建筑的高差部分为新建建筑的天窗。

28. 建筑局部及旁边的水塔

28

原有建筑的横轴柱距为 4m，纵轴柱距为 16m。拆除建筑内部的横隔墙后，从横轴看过去，空间内都是柱子，显得拥挤；但从纵轴方向看过去，则是开敞空间，一览无余。这个空间感很像西班牙科尔多瓦的大清真寺，柱网林立，一个方向柱距较小，但另外一个方向空间较大。

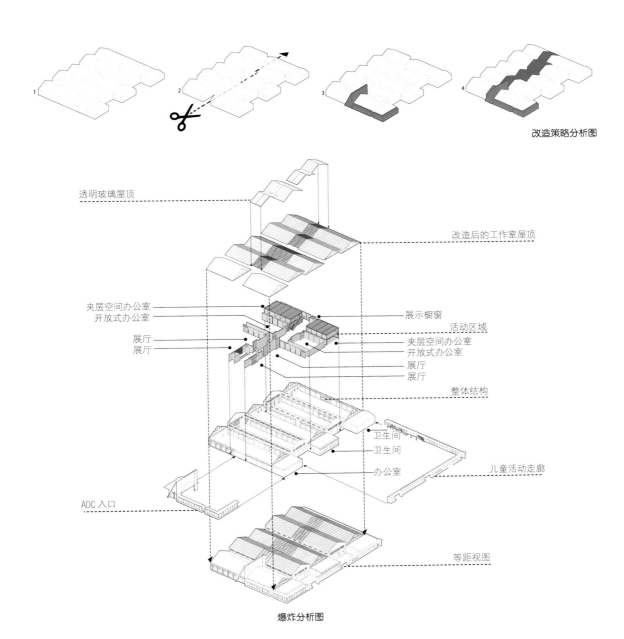

改造策略分析图

透明玻璃屋顶

改造后的工作室屋顶

夹层空间办公室
开放式办公室

展示橱窗

活动区域

展厅
展厅

夹层空间办公室
开放式办公室

展厅
展厅

整体结构

卫生间
卫生间

办公室

儿童活动走廊

ADC 入口

等距视图

爆炸分析图

29. 建筑外观
30. 前厅：A 字室内的高耸空间

　　该建筑处于整个园区的核心位置，改造后的功能为公共设计艺术中心。其主要用途为举办各种艺术、设计类的展览活动。高达 9m 的展厅，除了用于举办常规的美术和雕塑等艺术类展览，也曾经被 UAO 用来举办"中荷城市再生工作营"，还被甲方用来举办过"城市再生实践展和论坛"。这符合这个建筑 ADC（Art Design Center）的定位，正如最开始被设计师李涛设计在外立面的三个字母一样醒目和明确。

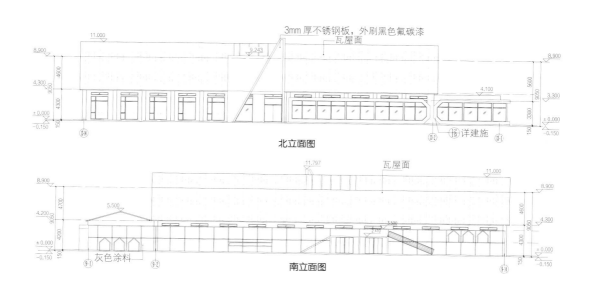

北立面图

南立面图

建筑入口改造

　　ADC 艺术设计中心建筑入口与花草亭的广场相对，因此必须经过较窄的横轴柱距才能进入建筑。UAO 的解决方案是在五个连排建筑的正中间切开一个光轴，将中间两跨到三跨（8~12m）的屋顶打开，移除瓦屋面，保留木桁架（或钢桁架）。屋顶打开后，光线进入建筑内部，自然地形成了一个序列空间。这个序列空间被设定为类似拉斐尔名画《雅典学院》式的中轴艺术大道。它是主要的交通空间，顺势串联起两边的展厅，形成经典的展览建筑 "鱼骨" 状平面布局。中轴两侧的展厅分隔墙，使用拆下来的红砖砌筑成清水砖墙。中轴局部的屋顶被打开，形成露天的中庭；而顶部的钢或木桁架结构被保留，白天桁架的光影会投射在主轴两侧的墙面上。

30

31

建筑主入口的设计原则是强调对比和并置，用钢结构形成高耸的外形。其斜向的屋面造型，来源于 Art 的第一个字母 A，这个想法来自于主创设计师李涛的思考偶得。他最开始的想法是较为传统的对称造型，后来演变为方形造型，又觉得太过正规，然后将其改为斜边和直角的组合，最后形成 A 字。A 字和外立面的橱窗造型 D、C 形成 "Art Design Center" 的首字母缩写。设计用波普的手法直接表达了建筑名称 ADC 的意思，虽简单，但直接有效。

A 是新植入的结构形态，它和保留的屋面、墙面形成了年代和材质新旧的强烈对比。A 字顶部透过的玻璃天光，使黑色高耸空间不至于显得压抑。A 字下部作为整个建筑的前厅使用，内部空间较暗，中轴后续空间由于屋顶的移除，光线较亮，也吸引观者探索向前。

32

建筑内部展厅设计

建筑的外墙面和展厅局部内墙保留了各个年代的装修痕迹，不做任何处理。展厅内不设吊顶，露出桁架结构。新建用于展示挂画的白墙面，设定在一个统一的水平高度。

31、32. 打开屋顶后的中轴艺术大道
33. 展厅 1：悬浮的红盒子内部
34. 展厅 2：悬浮的白盒子

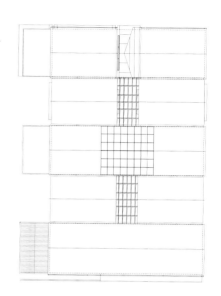

屋顶平面图

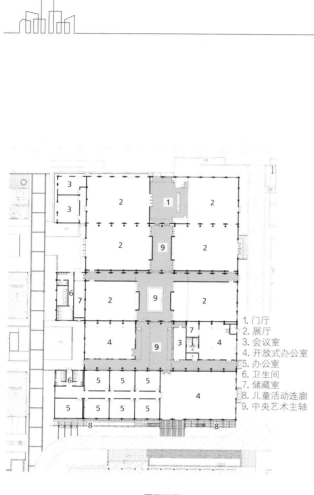

一层平面图

1. 门厅
2. 展厅
3. 会议室
4. 开放式办公室
5. 办公室
6. 卫生间
7. 储藏室
8. 儿童活动连廊
9. 中央艺术主轴

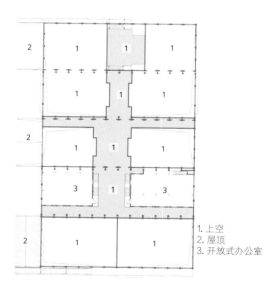

1. 上空
2. 屋顶
3. 开放式办公室

二层平面图

　　两个展厅内被设计师利用桁架结构的特性，用钢索悬挂了两个轻钢"盒子"，外覆盖阳光板，一个为白色，一个为红色。阳光板材质较轻，具有半透明特性。盒子底部悬空，宛如漂浮在展厅中。它既起到分隔空间的作用，又不至于显得太堵，从而影响空间的整体性和流动性。这种悬浮感，体现的是装置的轻，它与原有建筑的历史感也形成了对比。

　　从入口 A 字钢结构的重量感，到中轴屋顶掀开后的自然感，最后到展厅悬浮盒子的轻量感。光线也从暗到亮，再到适应展厅的半人工光线。这是设计师刻意制造的一种感知序列。

社区

社会的有机组成元素,强调其中每一个个体的活力以及彼此的共同成长。

35

35. 展厅中悬浮的红盒子细节
36. 展厅外墙保留了历史的痕迹

36

37、38. 展厅中悬浮的红盒子
39. 建筑局部及前面的算盘雕塑
40. 入口生态停车场

项目改造的意义

　　项目建成后，红坊的甲方不断从上海搬运来更多的室外艺术作品，慢慢将整个园区填满。这种充分发掘场地特性，对场地有限度的更新改造，对旧有材料的适当重复利用，其实是针对原有场地特质的"场所精神再造"，距离感与亲切感同在。这也为老工业遗产的更新改造提供了一条更适合的道路。

宝山再生能源利用中心
概念展示馆

项目地点：
上海市
项目面积：
725m²
设计公司：
Kokaistudios
首席设计师：
Andrea Destefanis
Filippo Gabbiani
设计总监：
李伟
建筑设计经理：
Andrea Antonucci
设计团队：
陆恬／曲昊
摄影师：
张虔希

改造背景及改造后的建筑用途

　　该项目的主体位于上海宝山宝钢的垃圾化能发电厂，其周围是由湿地、公园、博物馆和办公楼组成的多元景观。项目的前身是宝钢第一炼钢厂的所在地。由于该炼钢厂园区的大部分厂房已被拆除，因此它是这块土地上仅存的几处建筑物之一。对 Kokaistudios 而言，保护重要工业遗产，既是机会，也是一种社会责任。在园区整体施工之前，Kokaistudios 将基地中的一座旧工厂建筑通过新体块置入的方式改造成了展览中心，使这座曾以炼钢闻名的工业基地转型为前瞻性环保工业园区，改造后的建筑也成为该园区的标志性入口。

1. 建筑整体效果
2. 夜景鸟瞰效果

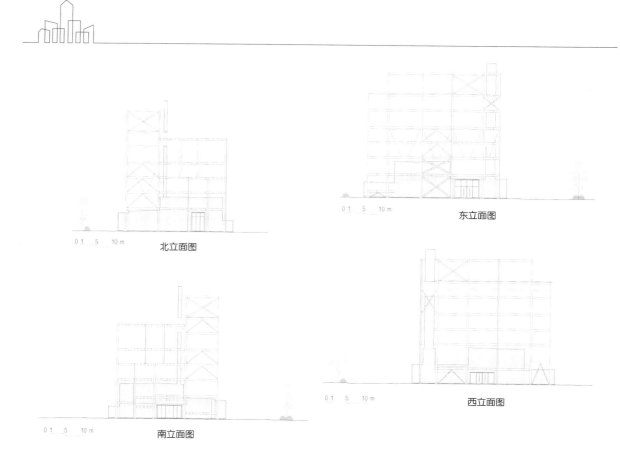

0 1　5　10 m　　北立面图

0 1　5　10 m　　东立面图

0 1　5　10 m　　南立面图

0 1　5　10 m　　西立面图

尽管老钢铁厂的转运平台早已被废弃，但正是由于它的历史特征，新建的 725m² 大的展厅仍然引人注目。Kokaistudios 在保持历史元素的同时应用创新的设计手法，使其符合新的功能需求。

项目区位图

+1
基地
+2
G1 转运平台
（被改造的建筑对象）

建筑周边环境

3~6. 从高处平台俯瞰南北景观

7、8.建筑西立面改造前后对比
9、10.建筑整体改造前后对比
11~15.改造前的建筑细节

原有场地色彩分析

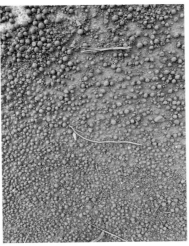

原有场地材质和肌理分析

16. 建筑及其庭院内的铺装

这个展览中心将用于展示模型、图纸和规划，在欢迎及拓展开发商、客户及潜在租户参观的同时，也将接待学生，使其了解绿色能源战略，发挥重要的教育作用。该项目包括展览、多媒体、餐饮和 VIP 区等，从最初规划开始就确定了设计的关键点，即在保留结构约束的条件下建立空间的灵活性。

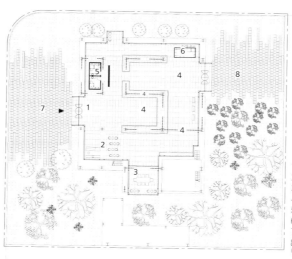

1. 入口
2. 水吧
3. 会议室
4. 展厅
5. 卫生间
6. 配电间
7. 主广场
8. 后院

0 1　　5　　10 m

一层平面图

二次结构

现状结构

+1
屋面聚碳酸酯板
+2
立面聚碳酸酯板

立面和屋面建材

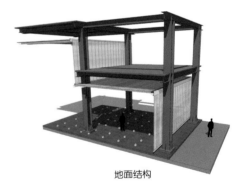

地面结构

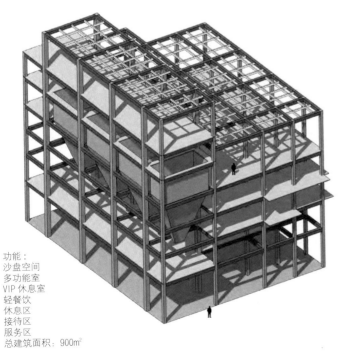

功能：
沙盘空间
多功能室
VIP 休息室
轻餐饮
休息区
接待区
服务区
总建筑面积：900m²

功能策划

+1
模数化橡木板材
入口区域
+2
模数化高强
混凝土板展览区域

架空地面材料

原有结构　　　　　　　附加结构　　　　　　　新生成结构

结构概念图

设计及改造策略

　　具体来说，改造设计采用了一种轻量级的方法：在原始结构的框架中置入了一个完全独立的聚碳酸酯材料外壳。该方法不仅解决了防水等技术问题，还与保留的除尘管道、通廊支架、锈蚀的胶带机、料斗的重工业形象形成互补。模数化、灵活性、可预制、可再生、轻质是本次改造设计的特点与追求。

17. 西立面局部
18. 北立面
19. 夜幕下的建筑局部

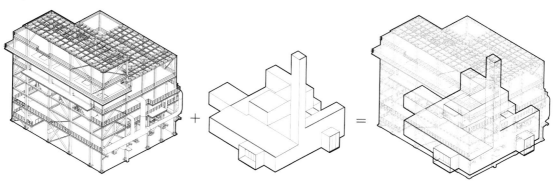

改造策略示意图

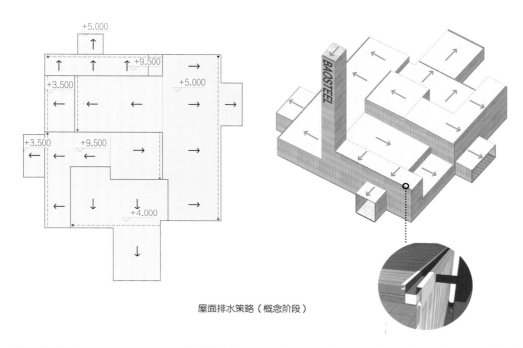

屋面排水策略（概念阶段）

19

0 1   5   10 m

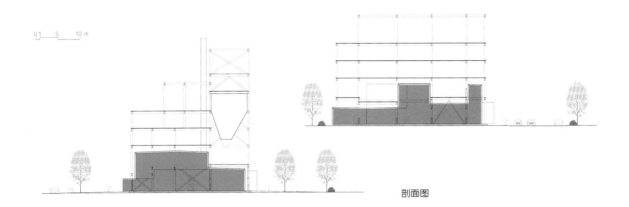

剖面图

　　由此产生的美感在历史与当代、不透明与透明、冷与热之间创造了一种清晰的关系和对话。此外，半透明的材料引入了充足的自然光，让游客对这一地标性建筑有非常直观的印象。到了晚上，来自内部空间的光线则使建筑散发出迷人的光芒。建筑内部同样采用轻质材料，可循环利用，让生态环保的概念贯穿项目整体。除了聚碳酸酯板墙面和屋顶，地板是采用预制高强混凝土板，卫生间使用不锈钢板饰面。较冷的色调与建筑原有的高炉形成对比。与之不同的是展览区域的色调，展板的木饰面肌理与远处公园的自然景观遥相呼应；色彩丰富的独立式家具给空间带来了整体的灵活性。

20、21.夜间室内灯光穿过半透明材料，
散发出迷人的光芒
22.休息区及会议室
23、24.室内使用建材参考
25.接待区
26.休闲空间

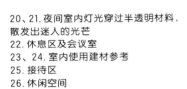

建筑工业历史和当代生态环境之间的对话已经超越了场地的局限性。例如，景观设计中使用了一种红褐色、形似卵石的材料，它是炼钢过程中的副产品——球团矿渣，混凝土板铺装和矿渣条带交替出现，令人想起这片场地曾经的使用功能。环绕建筑四周的植物都被保留下来，创造出新建展厅消隐在场地景观中的效果。

作为多元化项目的一个初步里程碑，在每个层次构建灵活性是很重要的。就建筑本身而言，这是通过轻质材料和模块化预制设计实现的。设计方案除了可以实现快速建造，优化时间和成本之外，也为未来的重新利用和回收留出了可能性。

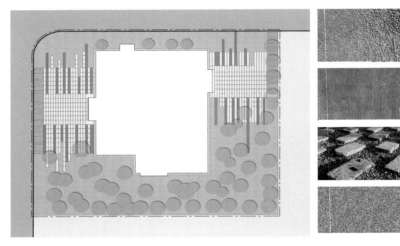

①场地中的红色矿渣
②耐候钢板
③石材铺地
④绿化

场地铺装平面和材质

29

27、28. 特色场地铺装
29. 夜景鸟瞰图

项目改造的意义

　　宝山展览中心是宝钢集团开创多功能空间项目的里程碑。它保留了宝钢上海基地的工业遗产，同时也为其未来的功能拓展奠定了基础。通过在原有建筑中置入新的体量，以及内置灵活性，改造保留了原有结构的遗产价值，同时为未来开发预留了充裕空间。Kokaistudios 通过这个里程碑式的项目完成了建筑在工业历史和未来生态之间的对话。

爱马思
艺术中心

项目地点：
北京市朝阳区酒仙桥路
798 艺术园区

项目面积：
3000m²

设计公司：
建筑营设计工作室

主创设计师：
韩文强

设计团队：
曹冲／文琛涵／黄涛

结构设计：
张富华

水电设计：
郑宝伟／程国丰

暖通设计：
于研

摄影师：
金伟琦／王宁

项目概况和改造理念

　　爱马思艺术中心位于北京市朝阳区酒仙桥路 798 艺术园区内，是爱马思艺术科技集团的线下艺术生活空间，占地 3000m²。艺术中心设有艺术展览、沉浸式艺术品商店、美食收集罐、跨界衍生品研究中心、艺术 IP 运营、"非艺术"创意对话活动等板块。爱马思艺术中心的改造以"共生"作为主要理念，让新与旧、内与外、建筑与自然、艺术与人群之间和谐共生。作为城市微更新的一部分，本次改造合理运用了原有厂房空间，并在顶层和沿街面进行扩建，以此来满足美术馆未来多样的需求。

1. 建筑外立面
2. 餐厅

3. 建筑外立面日景
4、5. 艺术品商店
6. 入口

项目区位图

工作模型图

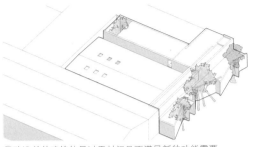

①改造前的建筑体量过于封闭且不满足新的功能需要

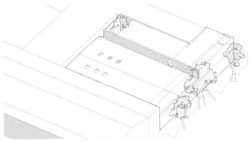

②拆除面向原有树木一侧的旧建筑，增加空间通透性

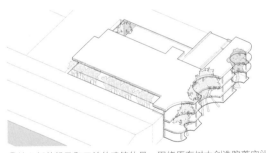

③植入新的轻盈和开放的建筑体量，围绕原有树木创造院落空间

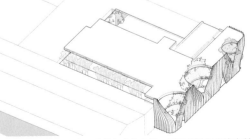

④植入半透明外表皮，遮挡部分停车场、不利视线和光线直射

分析图

建筑改造要点

　　改造前的建筑是一栋老厂房，具有很大的空间可以使用，很适合作为艺术展览空间。设计师首先解构和整合了美术馆功能，在主展厅之外创造了新的公共空间。这其中包括餐厅、衍生品商店、多功能厅和休闲区等功能空间，形成了从自然环境到公共空间再到展区的自然过渡。

7~10.改造前的建筑外观及室内原貌
11、12.改造后的展厅内部空间

1. 艺术商店
2. 展厅
3. 办公室
4. 餐厅
5. 多功能厅

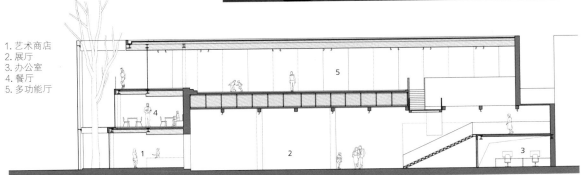

剖面图

0　2.5　5m

13. 餐厅

其次，设计师重新梳理了整个空间的流线。原本的观展流线传统、死板，单一路径使人在看完展览后必须原路返回，不但枯燥而且上上下下带来的仪式感很容易让艺术空间和人产生强烈的距离感。所以设计师在原有空间基础上拆改、增加了楼梯和电梯等，把观展流线改造成了一条循环路线，而如果要直接通往露台或者餐厅，也有两条顺畅独立的流线，路径不重复。看展览变成了令人兴致盎然的"游园"体验。

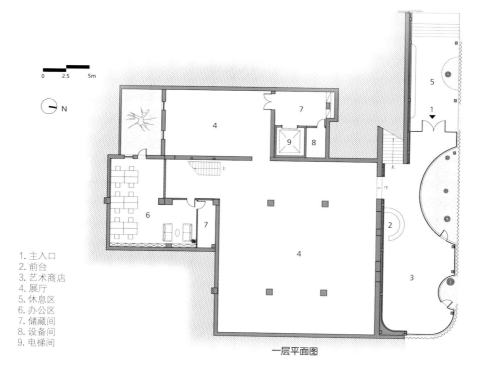

1. 主入口
2. 前台
3. 艺术商店
4. 展厅
5. 休息区
6. 办公区
7. 储藏间
8. 设备间
9. 电梯间

一层平面图

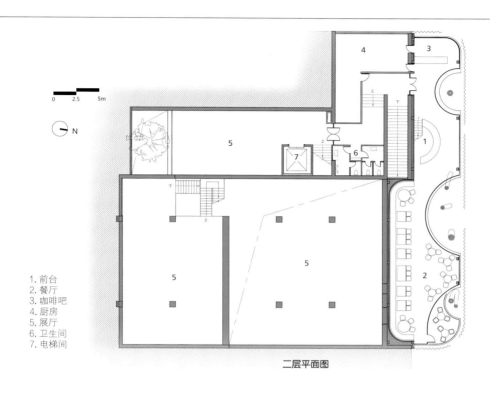

0　2.5　5m

N

1. 前台
2. 餐厅
3. 咖啡吧
4. 厨房
5. 展厅
6. 卫生间
7. 电梯间

二层平面图

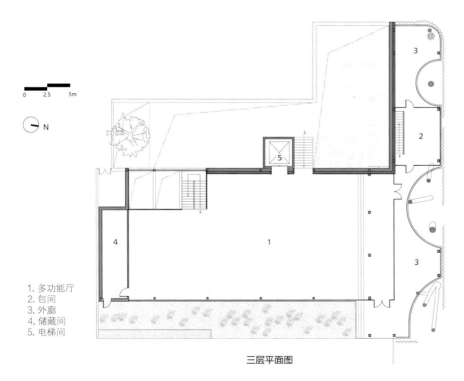

0　2.5　5m

N

1. 多功能厅
2. 包间
3. 外廊
4. 储藏间
5. 电梯间

三层平面图

14

14. 庭院
15. 餐厅
16. 展厅

　　建筑中退让出多个弧形庭院，将场地中原本的树木完整地保留下来。庭院与树木塑造出建筑清晰的空间特征。人在艺术馆内的游走也是伴随树木而展开的，从树根上升到树梢，人与树的关系不断变化，有的地方甚至需要低头才能穿过树枝走过去。树木也随着时间不断变化，空间与自然的结合给场馆带来无限的魅力。建筑外立面采用半透明金属幕墙，好似一片揭开的帷幕。树木仿佛从银色的外立面中生长出来，和这些"帷幕"连成一体，既是自然环境的一部分，又是建筑的一部分。

15

16

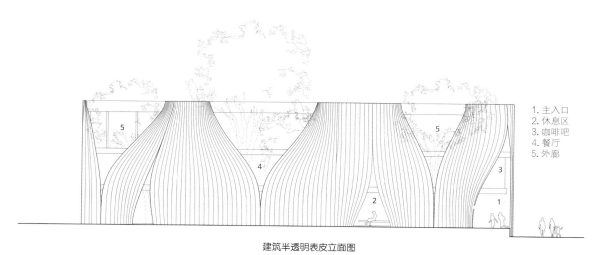

1. 主入口
2. 休息区
3. 咖啡吧
4. 餐厅
5. 外廊

建筑半透明表皮立面图

17. 建筑外立面夜景

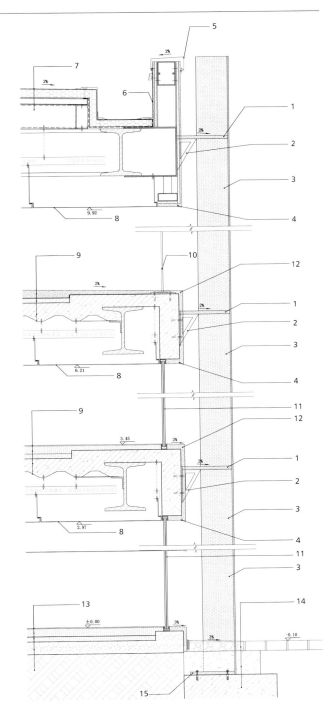

1.20mm 厚白色氟碳喷涂钢板
2. 白色氟碳喷涂三角架
3.8mm 厚白色氟碳喷涂穿孔板
4. 止水槽
5. 铝板压顶
6. 防水卷材
7. 屋面做法
　－压型钢板复合保温卷材防水屋面
　－檩条
8. 1.5mm 厚白色氟碳喷涂穿孔铝板吊顶
9. 楼面做法
　－5mm 厚灰色水泥自流平
　－50mm 厚 C30 钢丝纤维细石混凝土，干后卧不锈钢条分隔
　－30mm 厚 1:3 水泥砂浆找平层
　－现浇混凝土楼板，最薄处 80mm 厚
　－YX35 压型钢板
10. 直径 1cm 白色氟碳喷涂栏杆
11. 8+8 超白双层夹胶钢化玻璃
12. 最薄处 25mm 厚白水泥砂浆
13. 地面做法
　－5mm 灰色水泥自流平
　－50mm 厚 C30 钢丝纤维细石混凝土，干后卧不锈钢条分隔
　－1.5mm 厚聚氨酯防水层
　－30mm 厚 1:3 水泥砂浆找坡层抹平
　－水泥浆一道（内掺建筑胶）
　－80mm 厚 C20 混凝土垫层
　－素土夯实
14. 基础做法
　－60mm 厚 C20 白色细石混凝土嵌卵石（卵石粒径 3~5cm）
　－150mm 厚 5~32mm 卵石灌 M2.5 混合砂浆，宽出面层 100mm
　－钢筋混凝土基础
15. 预埋铁

半透明金属幕墙做法详图

项目改造的意义

　　原本的老厂房如今成为被年轻人推崇的艺术中心。在爱马思艺术中心举行了很多具有创意的展览。不同于一般的艺术品展览，在这举行的展览，不仅具有创意性，还具有艺术性和趣味性，更加符合现代人对艺术、人文和科技融合共生的理解。在这里，探讨的不仅仅是艺术品，更是艺术品背后的商业和科技为人们带来的生活改变。设计师的改造使原本传统的"黑盒子"变成为自然、开放、友好、鼓励沟通的多功能艺术中心。

18. 展厅内的儿童娱乐空间
19. 绿植环绕的餐厅
20、21. 植物细节
22、23. 顶层空间

七舍合院

胡同四合院改造

项目地点：
北京市
项目面积：
约500m²
设计公司：
建筑营设计工作室
主创设计师：
韩文强
项目设计师：
王同辉
结构咨询：
张勇／洪雅竹元科技
机电咨询：
郑宝伟／于妍／李东杰
照明顾问：
董天华
植物顾问：
张晓光
施工团队：
陈卫星等／洪雅竹元科技
摄影师：
王宁／吴清山

建筑原貌及基本改造思路

　　七舍合院位于北京旧城核心区内，占地宽约15m，长约42m，是一座小型的三进四合院。由于原院落共包含七间坡屋顶房屋，且正好是该胡同的七号，故得名七舍。原始建筑年代较为久远，除了基本上还保持的木结构梁柱和局部有民国特点的拱形门洞，其他大部分屋顶、墙面、门窗等都已经破损或消失。院内遗留了大量大杂院时期的临时建筑，遍布清空之后的建筑废料，杂草丛生，一片凋零。因此，本次改造设计一方面是修复旧的——对院落房屋进行整理，保留历史的印记，修复各个建筑界面，加固建筑结构，重现传统建筑的样貌；另一方面是植入新的——新的生活功能配备（卫生间、厨房、车库等），新的基础设施（水暖电设备管线），以及新的游廊空间。

1. 建筑整体
2. 院落鸟瞰

3.夜景鸟瞰
4~6.原始建筑

项目区位图

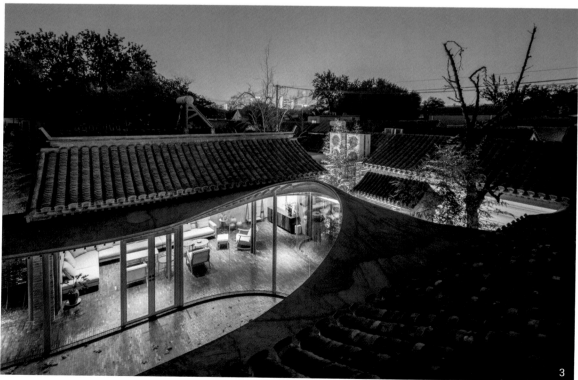

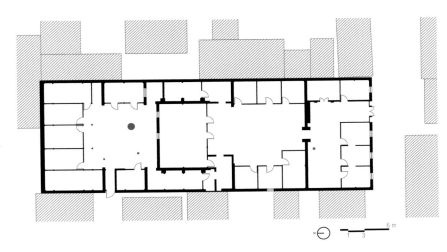

原始平面图

1. 胡同街道　14. 连廊
2. 主入口　15. 二进院
3. 车库入口　16. 竹院
4. 车库　17. 库房
5. 一进院　18. 休息区
6. 接待室　19. 餐厅
7. 设备间　20. 西厨
8. 洗手间　21. 中厨
9. 服务间　22. 书房
10. 保留门楼　23. 三进院
11. 前厅　24. 主卧
12. 客厅　25. 次卧
13. 茶室

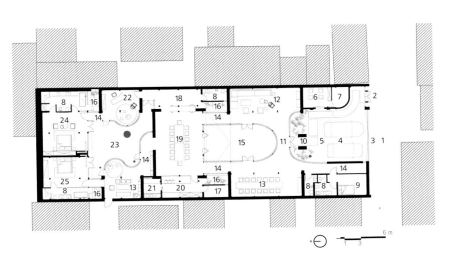

改造后平面图

门楼修复前后对比

门洞和拱门修复前后对比

结构修复前后对比

屋顶修复

旧砖的利用

游廊搭建

一进院设计

　　一进院被定义为停车院，设计保留原建筑屋顶，移除墙面，并平移了主入口位置，以留出尽量宽阔的停车空地。前院中有价值的历史遗存如门楼、拱门雕花，甚至一颗枯树均被修复和保留，但拆除了前后院子之间的围墙，代之以透明的游廊作为建筑新的入口。"游廊"是传统建筑中的基本要素，设计师们引入"游廊"作为本次改造中最为可见的附加物，将原本相互分离的七间房屋连接成一个整体。它既是路径通道，又重新划分了庭院层次，并制造出观赏与游走的乐趣。游廊延续了坡屋顶的曲面形态特征，并结合前后院景观与功能进行相应的变化。游廊在入口处微微上扬，结合两侧的曲面屋顶构成一个圆弧景框，将建筑、后院的大树和天空纳入风景之中。而另一侧的游廊屋顶则向下连接成为曲面墙，在停车院之内分隔出其后的卫生间、服务间、设备间等功能空间。

7

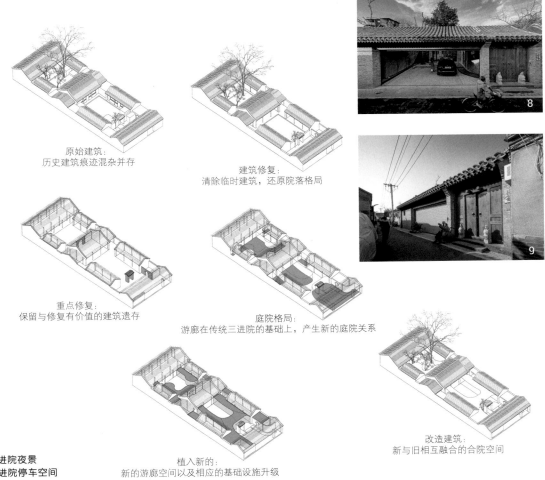

原始建筑：
历史建筑痕迹混杂并存

建筑修复：
清除临时建筑，还原院落格局

重点修复：
保留与修复有价值的建筑遗存

庭院格局：
游廊在传统三进院的基础上，产生新的庭院关系

植入新的：
新的游廊空间以及相应的基础设施升级

改造建筑：
新与旧相互融合的合院空间

7. 一进院夜景
8. 一进院停车空间
9. 沿胡同外立面及入口
10. 一进院日景

项目分析图

二进院设计

　　二进院是公共活动院，结合原本建筑一正两厢三间的房屋格局，分别布置了客厅、茶室、餐厅、厨房等。室内外空间划分依然采用对称式布局，继承了传统院落的空间仪式感。设计消除了房屋之间的台阶，代之以缓缓的坡道连接，并结合透明的游廊共同加强内部公共空间与院落之间的连通。处于正房的餐厅可由新的折叠门向庭院完全开敞，保证室内活动灵活地延伸至弧形庭院之内。餐厅正中的拱门经过修复后成为进入后院的入口。

11. 游廊入口形成圆弧形框景
12. 二进院客厅
13. 二进院夜景

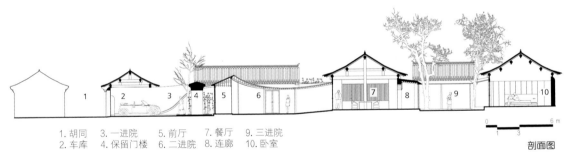

1. 胡同　　3. 一进院　　5. 前厅　　7. 餐厅　　9. 三进院
2. 车库　　4. 保留门楼　6. 二进院　8. 连廊　　10. 卧室

剖面图

三进院设计

　　三进院作为居住院，包括两间卧室以及茶室、书房等空间。旧建筑依然是一正两厢的格局，院内有三棵老树。游廊平面在这里演变为连续曲线形态，一方面与庭院内的三棵树产生互动，另一方面也营造出多个小尺度的弧形休闲空间。两间卧室位于建筑最后面的房屋，室内根据屋脊呈对称式布局，两个卫生间均与小院子比邻，实现了良好的采光和通风效果。

院落模型

14、15. 三进院茶室
16. 三进院夜景

建筑材料的使用

设计在保持传统建筑材料特征的基础上适度添加新材料，注重保持历史的印记。原始建筑结构整体保留，局部破损的构件依然以松木材料替换。新的游廊、门窗、部分家具使用竹钢作为新的"木"与旧木对应。游廊采用框架结构，支撑上设密肋梁和板，使其尽量通透、轻盈，融入旧建筑环境之中。室内还结合使用功能搭配了不同旧木、原木家具，让不同色泽与质感的木相互混合。传统屋顶缺少现代防水措施，保温性能也比较差，因此本次改造在保持原建筑灰瓦屋面不变的基础上，优化了屋面做法，改善了其物理性能。新的游廊屋面则采用聚合物砂浆作为曲面面层材料，用平滑的灰面与带有纹理的瓦顶相对应。旧建筑墙面依然以原本院内留下的旧砖为主材进行修复，让此前拆除的建筑材料得以循环利用。室内外地面也沿用了这种灰砖铺装，保持内外一体的效果。部分新墙面采用了透光的玻璃砖，但尺寸仍与旧建筑灰砖一致。施工过程中意外发现的石片、瓦罐、磨盘等，完工后将其作为景观、台阶、花盆点缀于室内外；建筑修复中作废的木梁则被改造为座椅。旧材料被赋予新的使用功能而不断延续下去。

A. 连廊屋面做法
－ 40mm×100mm 竹钢次梁
－ 10mm 竹钢望板
－ 50mm 挤塑聚苯板保温层
－ 20mm 厚1:2.5 水泥砂浆找平层
－ 卷材防水层
－ 20mm 聚合物砂浆结合层
－ 20mm 聚合物砂浆

B. 室内地面做法
－ 37mm×48mm×240mm 灰砖
－ 20mm 厚1:3 干硬性水泥砂浆结合层，表面撒水泥粉
－ 1.5mm厚聚氨酯防水层或 2mm 厚聚合物水泥基防水涂料
－ 1:3 水泥砂浆或最薄处 30mm 厚 C20 细石混凝土找坡层抹平
－ 水泥浆一道（内掺建筑胶）
－ 素土夯实

1. 80mm×120mm 竹钢主梁
2. 灯带
3. 直径 60mm 竹钢结构柱
4. 6mm+6mm 弧形夹胶超白钢化玻璃
5. 雨水箅子

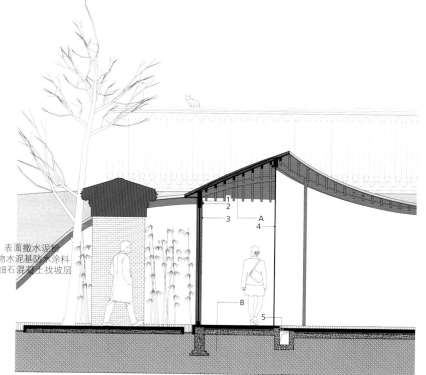

17、18. 二进院餐厅
19. 游廊采用密肋梁和板，
融入旧建筑环境中

项目改造的意义

对建筑改造而言，新与旧相互叠合成为一个新的整体，以此来满足公共接待和居住空间的使用要求。这不仅是一次对于老旧合院建筑改造的全新尝试，不仅激活了原本废弃的空间，打造出全新的生活体验空间，也为通过微更新改变城市生活做出了成功的示范。

20. 局部鸟瞰图
21. 二进院日景
22. 三进院主卧室
23. 三进院次卧室
24. 从二进院餐厅看向庭院
25. 二进院休息区
26. 二进院走廊

20

白塔寺胡同
大杂院改造

项目地点:
北京市西城区宫门口二条14号
占地面积:
246m²
总建筑面积:
215m²（底层建筑面积:
189m²，客房LOFT建筑面积:
26m²）
设计公司:
B.L.U.E.建筑设计事务所
设计团队:
青山周平 / 藤井洋子
杨雨嘉 / 王丹梨
摄影师:
夏至

项目改造背景

越来越多的年轻人离开了胡同中的老宅，选择在高楼林立的城市新区中生活。老城区变得越来越像是老年人居住的地方。如何让年轻人重新回到老城中生活，是城市更新的一项重要内容。因此，B.L.U.E.建筑设计事务所希望在这个改造项目中，一方面尊重院落的原始空间格局，保留以前的空间特质；另一方面，将其改造成为符合现代年轻人生活方式的居住空间。这是街区更新及此类建筑改造项目应循的方向。

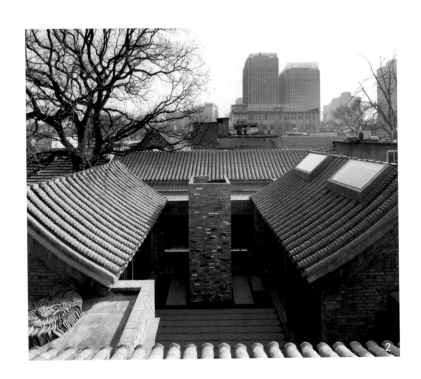

1. 夜幕下的建筑在灯光下散发出温暖感
2. 庭院及周边建筑鸟瞰

项目所在地概况

　　项目位于33片历史文化街区中的阜成门内历史文化街区，区域占地约37hm²，总建筑面积约24.2万平方米，区域内约5600户，户籍人口约1.6万人，常住人口约1.3万人。在这个区域中，老龄人口占19％，外来流动人口近50％。将近800个院落，现存4000余幢建筑，房屋质量70％较差，是一片居住环境有待提升、建筑质量有待改善、文化功能有待梳理的历史街区。

3. 建筑屋面
4. 在房间立面设计了大面积的
落地玻璃，通透明亮
5. 夜幕下的建筑
6. 鸟瞰建筑及周边环境的融合

　　因此，在当前北京推动老城整体保护与复兴的背景之下，众多建筑师用单体院落或单体建筑改造的项目作为触媒，紧密结合当地居民的具体需求，进行城市更新的思考与探索，从而进一步提升当地居民的生活品质，延续城市历史文化脉络。

项目区位图

本项目是一个位于北京二环里胡同中的传统合院建筑改造项目，院落占地约 250m²。设计师将曾经的破旧杂院改造为四合院民宿，结合业态要求，试图在北京传统的四合院空间中融入新时代的生活方式。

7~14. 建筑同一位置改造前后对比

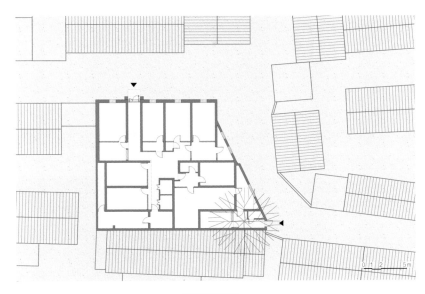

改造前平面图

　　院落位于一个 Y 字形路口，可以看到两个完整的沿街立面。院墙可以较为完整地展现在人们面前，使人们在视觉上对院落整体有非常直观的感受。院内原本容纳了 8 户人家共同生活。为满足生活面积的需要，院内违章加建现象较为严重，形成了典型的大杂院格局，空间杂乱局促。因此，设计师们将院落中心位置的加建建筑拆除，还原了合院的原始格局。

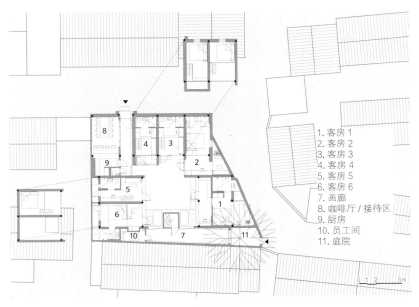

1. 客房 1
2. 客房 2
3. 客房 3
4. 客房 4
5. 客房 5
6. 客房 6
7. 画廊
8. 咖啡厅 / 接待区
9. 厨房
10. 员工间
11. 庭院

改造后平面图

关于设计

　　入口处首先是一条笔直的廊道，右侧是对公众开放的咖啡馆，廊道尽头是内院的大门。院内共设计 6 间客房，建筑面积与功能布局各不相同。其中最小的客房为 20m²，最大的客房为 30m²。其中 3 间是 loft 格局的小客房，另外 3 间为大客房。房间内部色调有所区分，3 间客房为浅色调，另外 3 间客房为深色调。除客房外，其余室内空间均为公共空间，日常作为展览空间使用。

15. 入口处的廊道

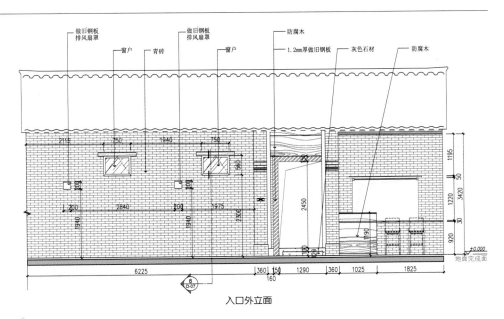

做旧钢板排风扇罩　做旧钢板排风扇罩　防腐木

窗户　青砖　窗户　1.2mm厚做旧钢板　灰色石材　防腐木

入口外立面

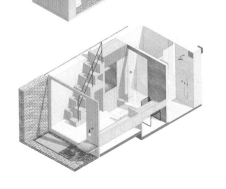

客房户型图

拆除加建建筑后，6间客房及展览空间重新围合出一个方形庭院。在庭院南侧中心位置，设计师们使用拆除原有建筑而保留下来的旧青砖搭建了一座楼梯塔。顺塔盘旋而上，是展览空间的屋顶，经过结构加固之后作为屋顶露台。在大树的庇荫之下，近可俯瞰整座院落，远可眺望妙应寺白塔，而展现传统建筑群体魅力的连绵起伏的屋顶立面也尽在眼前。

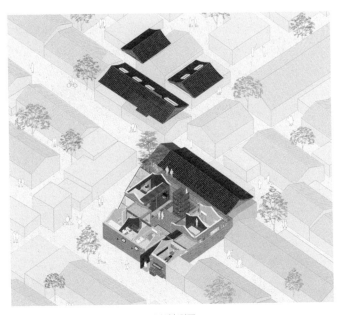

院落轴测图

解决老宅的痛点

建筑改造类项目首要解决的问题是原始条件不足。大杂院改造同样如此。根据以下几个现状特点，设计师们采取了相应的解决措施。

问题 1：室内面积不足

根据设计任务要求，需要在有限条件下塑造出舒适的居住环境。设计师们采取竖向使用空间的方法，提高空间使用效率。局部下挖地面，并拆除原有天花吊顶，利用传统建筑的屋顶空间做成 loft 格局。

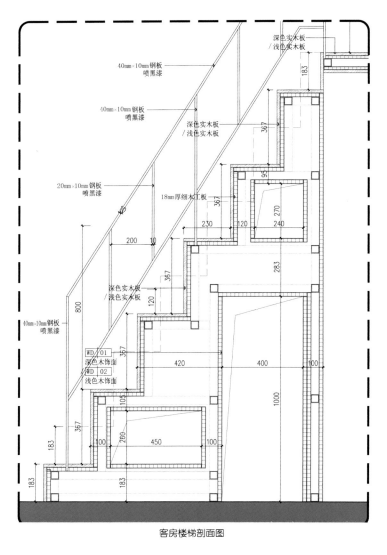

深色实木板／浅色实木板

40mm×10mm 钢板喷黑漆

40mm×10mm 钢板喷黑漆

深色实木板／浅色实木板

20mm×10mm 钢板喷黑漆

18mm 厚细木工板

深色实木板／浅色实木板

40mm×10mm 钢板喷黑漆

WD / 01 深色木饰面
WD / 02 浅色木饰面

客房楼梯剖面图

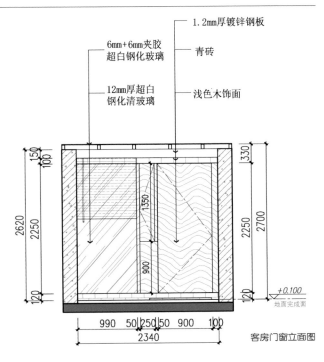

6mm+6mm夹胶
超白钢化玻璃

1.2mm厚镀锌钢板

青砖

12mm厚超白
钢化清玻璃

浅色木饰面

客房门窗立面图

问题 2：采光通风不足

　　设计师们几乎为每间客房都设计了屋顶天窗，大幅度增加室内采光。根据冬季采暖保温需要，天窗选用双层玻璃（平面玻璃顶使用三层中空玻璃）来降低导热效应。并在房间立面和每个客房门侧都做了开启窗的设计，辅助通风。

16、17.室内楼梯
18.建筑入口
19、20.客房内部的天窗及落地
玻璃门设计增加了采光

问题 3：采暖保温不足

除了在玻璃的使用中选取保温性能较好的材料之外，设计师们还将全部室内地面铺设了地暖，作为冬季的主要采暖措施。

问题 4：隔声不足

根据房屋现状情况，设计师们为每个房间的隔墙增加了隔声材料，一定程度上解决了原本的砖墙隔声差的问题。

21. 铺设了地暖的客房
22. 带有隔声墙的客房
23~26. 建筑内部的卫生间

问题 5：卫生间搭建不规范

　　现状院落中已有院厕，但未经任何处理，直接将生活污水排至市政管网。现状宫门口二条胡同中的下水管道为雨污合流设计，因此夏季难免会有气味散发。设计师们在院内建造了标准的化粪池，将所有的卫生间内污水排至化粪池。经过处理后，合格达标的生活污水沿用原有管路排至胡同内的市政管道中。

空间记忆的传承

这个项目的设计理念是在现有条件下因地制宜，注重对现状材料的发掘与再利用。在改造过程中，不断出现的意外发现给设计师带来了新的思路。随着施工阶段的进展，设计也不断地变化发展。

比如，将建筑的木结构脱漆处理之后，露出的原本木色干净朴素，展现出古朴的气息，于是设计师们就保留了木结构的本色。在做地面基础和院内排水时，在现状地坪下约1m处挖出了7块清代的条石。设计师们选取了其中4块作为客房与院门门口的踏步石阶，将其赋予了新的功能与使命。

27、28. 清代条石作为房间
门口的踏步石阶
29. 坐落在庭院里的楼梯塔
30~32. 楼梯塔细节

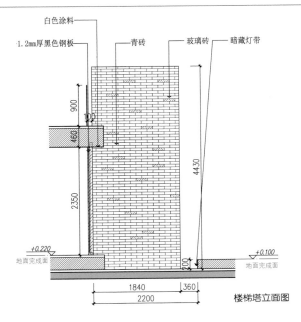

白色涂料　　青砖　　玻璃砖　　暗藏灯带
1.2mm厚黑色钢板

900
105
460
2350
44.30
+0.220
地面完成面
+0.100
地面完成面
200
1840　　360
2200

楼梯塔立面图

　　将原有建筑的旧窗框予以保留，在不同的房间中重新组织利用，处处可见这座院落旧时的生活气息。予以保留的还有大量的旧青砖，具有几十年至上百年不等的历史。设计师们使用这些老青砖搭建成庭院内中心位置的楼梯塔，其间点缀嵌入现代材料玻璃砖，这座"塔"就连接了院落的过去与未来，是空间记忆的传承。拆除的虽然是违章加建的建筑，但也是整个院落历史中不可或缺的一章，更是城市记忆的一部分。

30

31

32

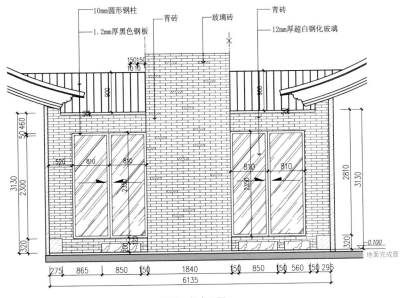

10mm圆形钢柱　　青砖　　玻璃砖　　青砖
1.2mm厚黑色钢板　　　　　　　　　　12mm厚超白钢化玻璃

15015010 10
900
900
50 460
3130
2300
520
810 810
2350
810 810
2350
2810
3130
320
320
-0.100
地面完成面
275 865 850 150 1840 150 850 150 560 150 295
6135

庭院内部立面图

私密性与开放性

（1）院落与城市的关系

　　传统合院的建筑形式是一种较为私密的居住空间。杂院的居住特点是相对开放的，这种开放性加强了人与人之间的交流。设计师们希望在这个项目中，可以实现在城市公共空间与居住私密空间之中，建立一个可进行交流的、半私密半公共的空间。

　　设计师们将入口处的房间设计为咖啡馆，同时为内院的客房部分提供了接待功能。院落主入口采取向胡同开敞的设计，使廊道连同咖啡馆变成了城市空间的一部分。咖啡馆内仅有一张大桌子，住客在使用早餐时，当地的居民也可以来喝咖啡，大家一起坐在同一张桌前进行交流。展览空间位于内院，可分时段对公众开放，也增加了院落与城市的交流。

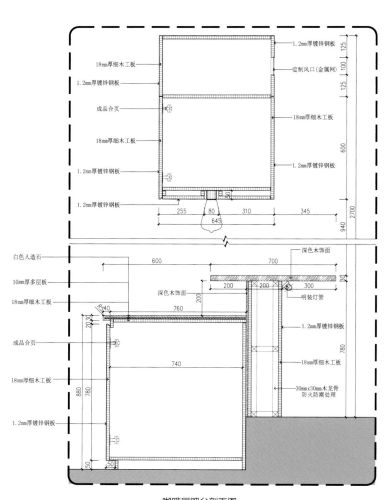

咖啡厅吧台剖面图

（2）客房与客房的关系

在传统的星级酒店中，客房部分通常统一设计为彼此封闭的环境。设计师们想要打破这种封闭的氛围，所以在房间立面设计了大面积的落地玻璃，并将客房内看书、座谈等相对公共的功能区布置在窗边。这样除了增加采光，还可以使不同客房的客人互相看到彼此，进行某种程度的交流。而在房间内侧或墙体后面，安排了就寝空间、卫生间和浴室，保证了生活的私密性。

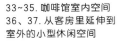

33~35. 咖啡馆室内空间
36、37. 从客房里延伸到
室外的小型休闲空间

38

与自然的和谐共生

　　胡同的居住环境特点，是人居环境和自然环境的有机结合。整座合院分为 6 间客房，各自分室而居。设计师们尽力为每个独立的房间都营造出自然环境或是赋予自然环境的体验。1、2 号房将一角的屋顶改造为玻璃屋顶，并种植绿色植物。在室内可时刻感受自然光线变化，营造室外庭院的氛围。5、6 号房分别拥有真正的室外庭院，是属于客房独享的室外空间。

　　在胡同里，树和人们的生活环境有密切的互动。夏日炎炎，阳光被大树繁茂的枝叶遮挡在外，留下一隅阴凉。冬天树叶凋零，阳光穿过枝杈洒落在院里，温暖明亮。人和树的关系是有机的。因此，院落内保留了一棵数十年的老槐树，延续了人和自然的有机关系，也维护了人与自然之间的微妙互动。

39

40

41

项目改造的意义

　　以往一些四合院的改造，更多注重建筑外观的更新和建筑质量的提升。但在老街区里，在胡同中，四合院建筑的改造不应仅仅停留在外观符号性的重塑，更重要的是保留生活的体验。和树一起生活的体验、在庭院中生活的体验、开放的生活体验、和城市结合的生活体验……以及每个角落里属于这个城市的记忆。这些在外观看不到的部分，是四合院最独特的文化记忆。

38.栽种在卧室里的小型绿植
39、40.玻璃拉门将室内庭院
与卧室分隔开来
41.狭长的小型室内庭院
42.古朴安静的建筑氛围

42

苏州有熊文旅公寓

古宅改造

项目地点：
江苏省苏州市
总建筑面积：
2500m²
设计公司：
B.L.U.E. 建筑设计事务所
设计团队：
青山周平／藤井洋子／刘凌子
魏力曼／张士婷／杨光
摄影师：
Eiichi Kano

项目改造背景

　　改造对象是位于苏州老城区的一处古宅，为典型的苏派建筑，白墙黛瓦，庭院幽深，飞檐高翘，草木生辉，建筑布局错落有致。宅院占地面积 2500m²，始建于清代，前后共四进。其中四栋建筑是清代的木结构古建筑，另外四栋为后来扩建的砖混结构建筑。设计内容包括木结构古建筑和砖混结构建筑改造，室内设计及庭院改造，将老宅院变身为现代文旅公寓。

1. 夜幕下的建筑局部
2. 改造后的建筑及其庭院

3. 苏州老城区建筑风貌
4~13. 建筑同一位置改造前
后对比

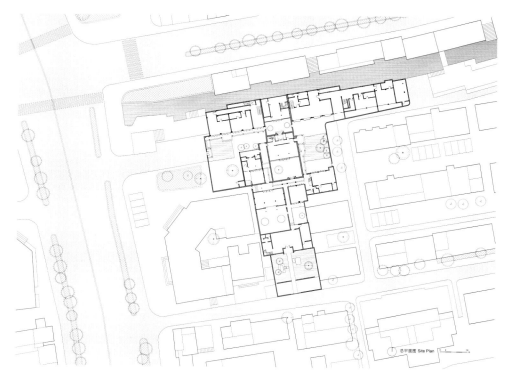

建筑总平面图（改造后）

设计理念

整个宅院在历史上是一户人家的私宅，虽然要改造成现代公寓，但设计理念是希望延续老宅原有的场所精神和空间体验感，而不是将宅院割裂成一个个孤立的客房。对于每个入住的客人来说，不仅有自己的私密空间，更能走出来在整个园子里与其他人交流。整个园子除了 15 个房间作为客房，另外超过一半的区域都作为公共空间利用，例如公共的厨房、书房、酒吧，甚至是公共泡池。做饭、健身、休闲娱乐等功能不但可以在自己的房间里完成，也可以在园中和他人一起以共享的模式实现。家的意义在概念和空间上都被扩大了。建筑整体充分运用文学、诗词、绘画、书法、工艺美术、雕刻等手法美化室内外空间。其庭院与厅房的组合造景，创造出融自然、艺术于一体的空间环境。整体的功能布局在庭院从南侧入口向北侧层层递进的同时，完成由公共向私密的过渡和转化。

14. 从室外望向室内客房
15. 建筑鸟瞰图

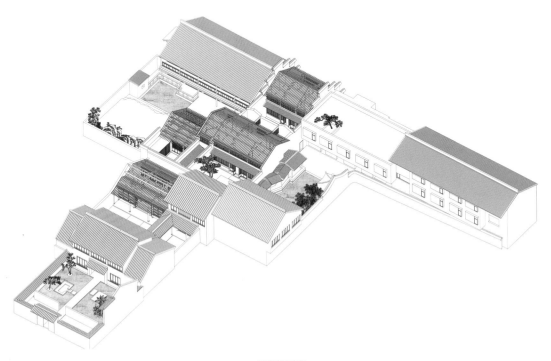

建筑轴测图

建筑外观与室内设计

设计基本沿用了原有的庭院布局，保留了古典园林特色，室内外更有连接特性。对于清代古建改造部分，设计保留了全部的木结构，并在内部增加了空调和供暖系统，以及卫生间、淋浴间等现代生活所必需的功能。外观维持古建庭院风貌，外立面改造去除原有木结构表面的暗红色油漆，改为传统大漆工艺的黑色，与原木色门窗结合，展现出古宅古朴素雅的气质。在室内材质的选择方面，采用黑胡桃木材、天然石材等自然材质，忠实于材料本身的质感。材质本身的质感与建筑的复古气息相融合，延续了古朴的氛围。砖混建筑改造的部分，则去除了原先立面上的仿古符号，新做的黑色金属凸窗使用的是简洁而纯粹的现代语言。室内使用原木色家具、浅灰色的柔软布艺沙发、浅灰色磨石子地板，与古代建筑室内的深色黑胡桃形成对比，更具有轻松舒适的现代气息。新与旧有着各自清晰的逻辑，在对比和碰撞中和谐共存。

16. 建筑及庭院夜景
17. 木结构古建筑客房保留了古朴的建筑风格

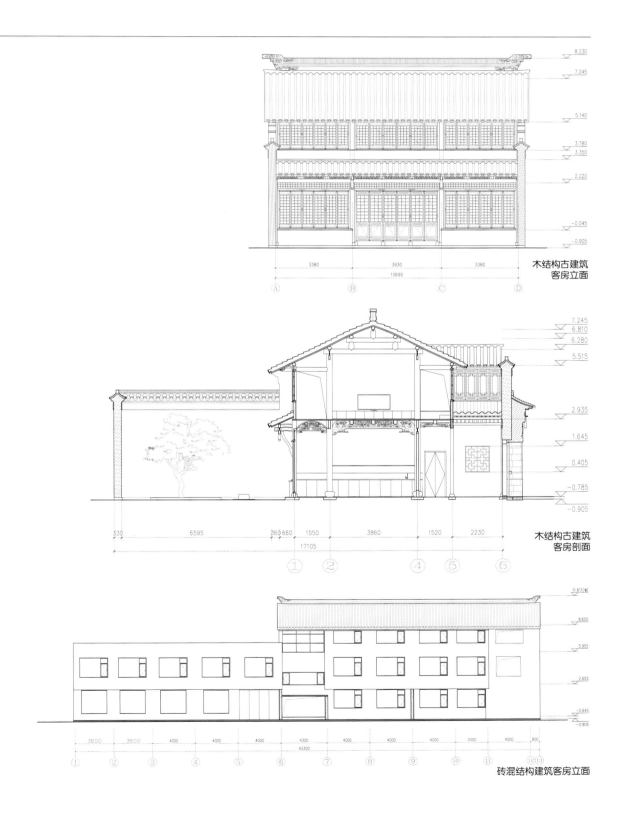

木结构古建筑
客房立面

木结构古建筑
客房剖面

砖混结构建筑客房立面

1.露台
2.客房
3.私密庭院

0 1 2　5m

三层平面图

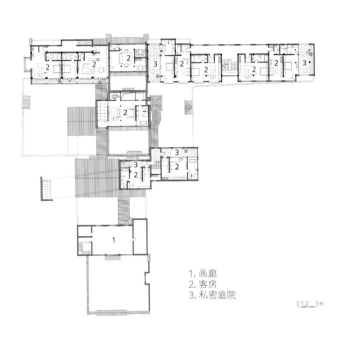

1. 画廊
2. 客房
3. 私密庭院

0 1 2 5m

二层平面图

1. 主入口
2. 公共庭院
3. 大堂
4. 酒吧
5. 理发店
6. 共享厨房 / 餐厅
7. 水疗房
8. 健身房
9. 客房
10. 私密庭院

0 1 2 5m

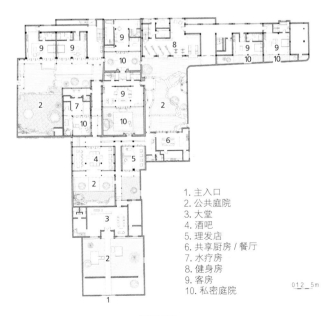

一层平面图

18. 古朴简约的卧室
19~21. 现代化的室内装饰风格及设施

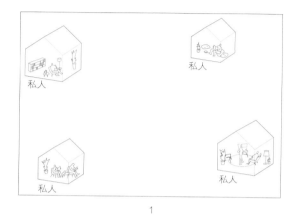

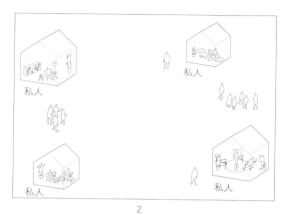

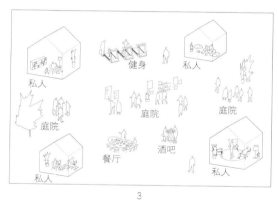

共享空间概念分析图

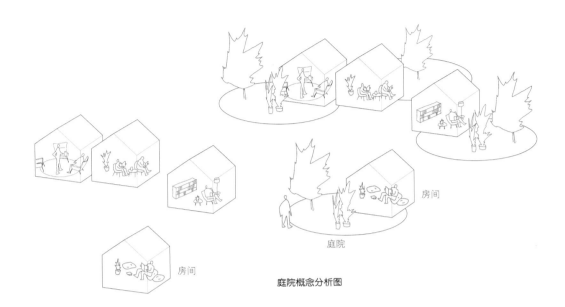

庭院概念分析图

22. 古宅外立面改造保留了原有风
格，展现出古朴素雅的气质
23. 水池中的下沉座椅带来特殊的
视角和体验
24. 水景细节
25. 透过古朴的门窗看向室外庭院

庭院设计

　　庭院是苏州古宅中最美的空间，因此庭院成为了另一个设计重点。在古宅院里，每个古建筑都有一个独立的庭院，在设计中把原本格局中没有庭院的房间，也特意留出一部分空间作为庭院使用。住宅不再是封闭的，而是室内与室外相通，庭院与庭院相连，延续了苏州园林的情趣，空间随着人的行走变化流动，人的感官体验是动态的。其中的亮点是入口空间，原先的停车场被改造成了石子的庭院和水的庭院，穿过竹林肌理的现浇混凝土墙面，回家的客人从外面的城市节奏自然地转换到园林宁静自然的氛围里。水池中的下沉座椅，让人们在休息时更加亲近水面和树木，带来不一样的视角和体验。通过庭院的改造，动和静，城市和自然，达成了最大程度的和谐。

23

24

25

项目改造的意义

　　古宅的改造是一种与历史的对话，在城市人越来越倾向于独居生活的时代，希望通过苏州古宅的改造，创造一种打破私密界限，让人与人、人与自然都能产生交流的空间。这是一种对新的生活方式的探索，也是对于古城更新模式的一种新思考。

26、27. 现代简约风格的卧室
28. 室内外空间形成自然的过渡
29. 室内空间忠实于材料本身真实
的质感
30、31. 传统与现代风格和谐共存
的客房

KARMA
办公楼改造

项目地点:
上海市徐汇区华亭路
建筑面积:
330m²
设计公司:
席间设计事务所
主创设计师:
席伟东
设计团队:
章立 / 万佳伍
结构设计:
王瑞
照明顾问:
降昭龙
施工单位:
上海煜樺装饰工程有限公司
摄影师:
章鱼见筑

项目所在区位

　　VILLA KARMA 坐落于车水马龙的淮海中路背后,是沪上知名创意广告公司 KARMA 的办公地点。2019 年初,席间设计事务所受邀将这栋建于 1936 年的三层法式列式花园新里改造为 KARMA 的新办公楼。

　　老房子有着传统的法式竖窗、红砖墙、壁炉烟囱,入口上方镶嵌着优美的巴洛克卵圆饰窗洞。在接下该项目之前,原先的设计师和施工队对老房子的原始结构和环境做了破坏性拆解,室内的木楼板、粉刷墙皮、门窗套以及院内的大树都被移除。值得庆幸的是,圆形水池、旧楼梯、壁炉、罗马柱还有几处斑驳的墙皮残存了下来。

1. 彩色光整体氛围
2. 鸟瞰

项目区位图

建筑改造

改建的首要原则是去伪存真，显露时间的层累，并在此基础上形成新的空间基底。此幢房屋的外立面依旧保留着 1936 年以来最原始的状态，且没有明显的裂缝和损坏之处。设计师将原汁原味的法式风格外貌保留下来，仅拆除外墙面的杂物，清洗污渍，整体做防渗处理，以最轻的介入方式对外立面进行修缮。考虑到密闭性和耐久性，只有一层的木门、门上的圆木窗及楼梯上的两扇木窗被保留，其他门窗则使用细边框的玻璃窗，部分较大窗洞以钢框中转的方式扩大开启面，减少玻璃分隔，形成通透、简洁的效果，同时凸显新旧窗的对比。

3~8. 同位置改造前后对比

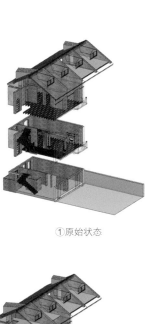
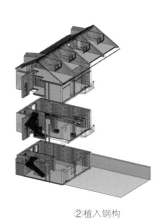

①原始状态　　　　　　　②植入钢构

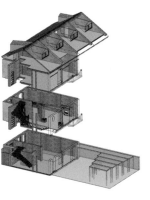
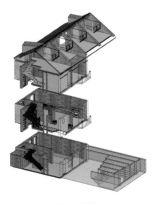

③象征语言　　　　　　　④语言衍生

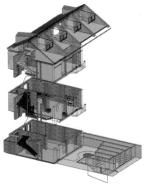

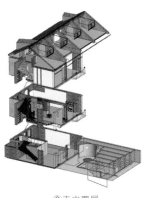

⑤循环空间　　　　　　　⑥表皮覆层

分解分析图

室内改造

在室内，原先错误的施工显露出了室内的红砖墙，借此机会，设计师将其展示出来，红砖墙和残留的墙皮被封存在时间的层叠中。结构上，考虑到建筑的使用体验和耐久性，原有的木楼板－承重砖墙体系转变为混凝土楼板－钢结构内框架形式，将钢柱置于多处壁炉烟道或半嵌于砖墙内，并在砖墙与钢结构之间设置拉结筋以提高砖墙稳定性。

室内表面是现代的、一张白纸的白，然而又是多样的。抽象的磨砂阳极氧化铝板、光滑的金磨石、背景性的白色涂料墙面与吊顶，新的覆层与旧的基底相缠绕，提供了阅读建筑历史的可能。

9. 室内入口处
10. 旧楼梯
11. 局部休闲空间
12. 新楼梯
13. 室内新旧材料对比

1　2　　4m

1. 厨房
2. 打印区
3. 玄关
4. 会议室
5. 下沉庭院

一层平面图

1. 休闲区
2. 办公区

二层平面图

1. 办公区
2. 讨论区

三层平面图

1. 办公区
2. 讨论区

四层平面图

平面图

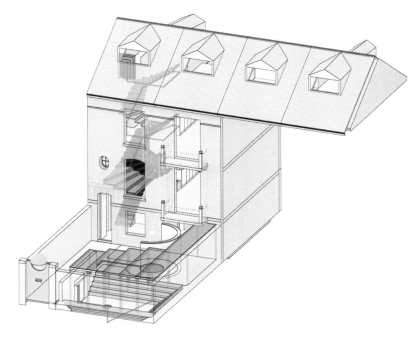

楼梯与水的空间循环

　　VILLA KARMA 是高度个人化、体现公司内涵的办公场所，设计师们在空间中试图呈现 KARMA（轮回）这一概念。首先表现在室内外空间的塑造上。从庭院大门进入，顺着一道矮墙前行，墙的另一头是下沉的水庭。墙角下是汩汩的流水，跟随前进的步伐。行至入口处，水流向右折转，止于一片半弧墙前，指示了花园的入口。回环一圈后，水流又顺着瀑布落差流到下沉的水庭，回到了矮墙背后。水庭的上方装有可伸缩式雨棚，纤细的钢柱落在周遭台阶的滑轨上，支撑着上方同样是阶梯式的阳光板雨棚，从矮墙处逐级抬升至院墙。收回目光，继续前行，推开入口斑驳的木门，上方卵圆形窗洞投下一道阳光，顺着光的方向，一截木质楼梯引人前行。在楼梯上方起始处，折线形的装饰灯带追随人的脚步点亮。灯光一路上行，穿越一、二、三楼，收束于新加的阁楼层，结束了这一垂直方向上的旅行。为了区别于保留的木楼梯，设计师对新增楼梯的结构做了新的演绎，取消了梁和柱，使用不锈钢板焊接自承重的方式，呈现了通向屋顶的轻盈。如若回到二层，在罗马柱界定的客厅区域之外，借用木质楼梯的形式延伸发散，形成能够休憩、灵活办公、小型讲座发布的阶梯式区域。它也可以被看作是二层地面的扩展，使用了相同的金磨石材料。同时，从正对着的法式竖窗向外看去，室内的大台阶与庭院内的伸缩式雨棚以"阶梯"元素相互呼应，而一楼入口空间逐级升高的阶梯状吊顶与它们再次呼应。

14. 大台阶雨棚阶梯吊顶关系
15、16. 阶梯形式
17. 室内向室外延伸
18. 办公照明
19. 会议桌独立照明
20. 光的"轻纱"

考虑到广告公司创意性工作、时常加班和国际化的运作模式，以及"加班不那么沉闷"的诉求，有别于日光在老洋房斑驳红砖上投下的岁月端庄，设计师们特意增加了一层"外来"的颜色，它被设定为薄薄的、似有似无的、捉摸不定的"轻纱"。将室外常用的 RGBW 洗墙灯置于室内，光色薄涂于空间的表面，根据需求瞬息万变，或是广告提案主题色的发布，或是客户来访的欢迎动画，或是具有节日氛围的聚会，不一而足。员工工位与会议桌设计了独立控制的桌面办公照明，在不影响正常工作的前提下，彩色灯光的加入改变了夜间办公室的整体氛围。这一光的律动也蔓延到入口水池与下沉水庭，用光去延续与塑造室内外空间的关系。日常固定光的"真"与临时彩色光的"假"构成了虚实交汇的景象，觥筹交错，人生如戏。

Logo 设计

　　KARMA 也是对广告公司 logo 的反复演绎。它可以被看作一个站立行走的人，也可以是一张闭眼沉思的脸，甚至可以是书法"永"字的变体，其变体散落在房子的各个角落，成为一种重复的诉说。庭院大门上方的半球门灯是遇见的第一个 logo，暗示进入了循环之地。一进入室内，楼梯旁的 logo 迎面而来，上到三楼，它演化成一张桌子台面的构成母题。原办公室内的 logo 装置改造后作为过滤装置固定在水池中，在"脑回路"里种植水边植物，缓缓涌出的小喷泉是水流的起点，意味文思泉涌、创意不断。下沉水庭再次出现了 logo 那张似笑非笑的脸，作为水流的收束。除了 logo，KARMA 也通过不断收缩回旋的阶梯来加以暗示。阁楼的连续拱形门洞，下沉庭院的四界和雨棚，二层扩展的阶梯平台，楼梯灯带起始处和收尾的装饰性阶梯，层层向上的艺术吊灯，甚至办公桌的桌腿形式、讨论椅、画框的留白、花瓶，都是对这一母题的反复强调，将 KARMA 的概念在设计语言中推向极致。

21~24.KARMA logo
25、26.水池与水庭的光
27.进入庭院

建筑改造的意义

作为一栋颇具年代感的经典法式建筑，虽然前期遭到了一定程度的破坏，但是席间设计事务所接手之后，最大限度地保留了外立面的特征以及内部结构和富有历史特色的内部装饰细节，通过使用部分新型装饰材料以及灯光上的调节，使整个空间既有新旧对比，又充满了梦幻的现代感。改造既延续了老建筑的生命，又赋予了它全新的活力，更是通过对寸土寸金之处存量建筑的开发再利用，使其使用价值得到了更大的发挥。

北京华润凤凰汇购物中心
里巷改造

项目地点：
北京
项目面积：
12000m²
建筑 / 景观设计公司：
Kokaistudios
首席设计师：
Andrea Destefanis
Filippo Gabbiani
设计总监：
Pietro Peyron
建筑设计经理：
Andrea Antonucci
设计团队：
陆恬 / 赵牧云 / 陈芳汀
Marta Pinheiro/ 朱文夜
赵清 / 刘畅
摄影师：
金伟琦

项目概述

　　该项目是华润置地委托 Kokaistudios 对北京凤凰汇购物中心里巷（以下简称"里巷"）进行的一次商业街改造设计，为这条曾经疏于使用的街道注入了新活力。从宏观到微观，设计采用了多样的干预方式，嵌入对人体尺度的关键性思考，以欢迎式的姿态邀请公众参与其中，全面提升了过去未被充分利用的街道空间。改造后的里巷流线清晰，包括儿童游乐区、遮阳避雨的景观雨棚、丰富的公共休闲座位，以及可举办市集、露天音乐会等户外活动的灵活空间，满足了周边居民及游客的需求，成为了一条专注于服务社区生活的公共性街道，为城市街道的有机更新树立了新典范。

1. 整体鸟瞰
2. 景观亭夜景

项目区位及改造前存在的问题

里巷位于北京市东北部的朝阳区三元桥核心商圈，距天安门的直线距离为8km，距首都机场16km。周围主要以写字楼、高档社区为主，以地铁站为原点，3km以内没有其他大型综合商业设施。这里是国内城市中混合型公共空间的典型代表。这类空间主要服务于社区，又兼具商业、居住和休闲步行等功能。其所在区位的重要性也在由内而外地促进着其改造升级的进程。

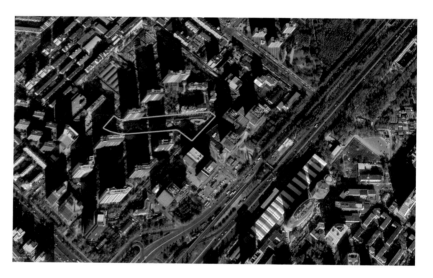

区位图

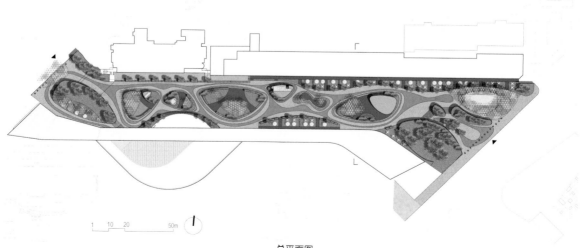

总平面图

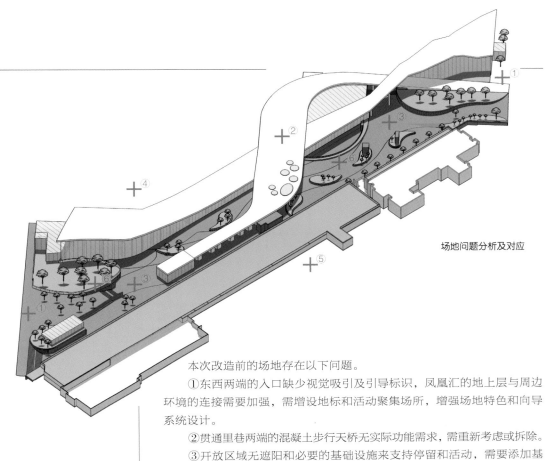

场地问题分析及对应

本次改造前的场地存在以下问题。

①东西两端的入口缺少视觉吸引及引导标识，凤凰汇的地上层与周边环境的连接需要加强，需增设地标和活动聚集场所，增强场地特色和向导系统设计。

②贯通里巷两端的混凝土步行天桥无实际功能需求，需重新考虑或拆除。

③开放区域无遮阳和必要的基础设施来支持停留和活动，需要添加基础设施。

④商场自有品牌元素和设计不统一，需要增加特色元素，改进设计。

⑤商铺店面标识不统一，需要改进店面和露台设计。

⑥景观缺乏整体性，效果较差，需要改进景观设计。

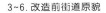

3~6. 改造前街道原貌

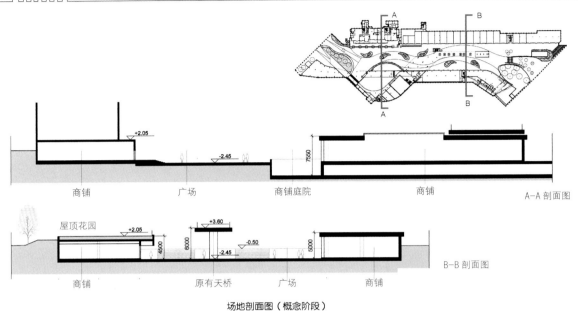

A-A 剖面图

商铺 广场 商铺庭院 商铺

B-B 剖面图

屋顶花园 +2.05 +3.60 -0.50 -2.45

商铺 原有天桥 广场 商铺

场地剖面图（概念阶段）

7~9. 改造前的临街商铺

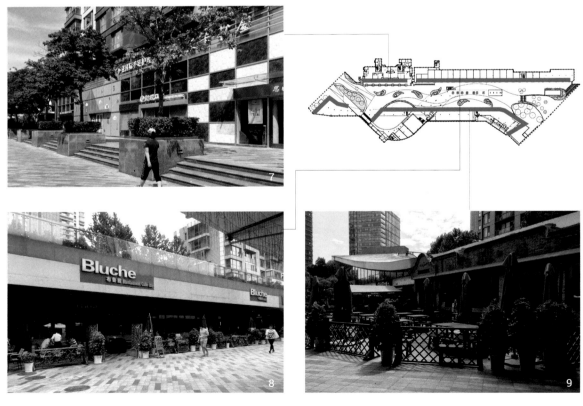

项目改造方案

（1）设计概念

　　改造设计采用了"河流"与"岛屿"的自然元素，与场地的功能和景观相结合：用河流蜿蜒的曲线贯穿场整个场地，形成道路系统，使场地的每一个角落都方便可达；用岛屿的形态塑造出场地中的各种休闲活动空间，丰富了场地的使用功能。

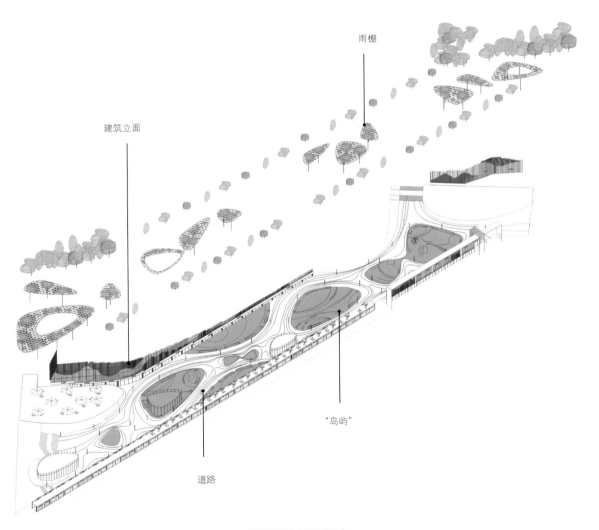

系统结构图（概念阶段）

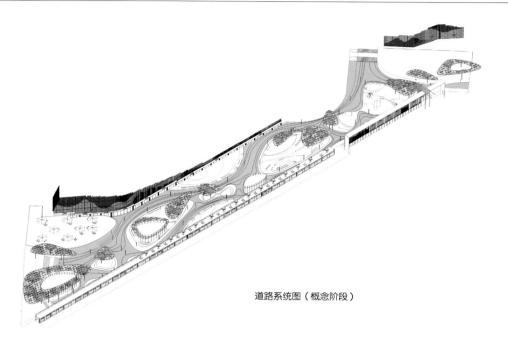

道路系统图（概念阶段）

次入口　　　　亲子游乐　　　　活动广场　　　　餐饮露台　　　　商场入口

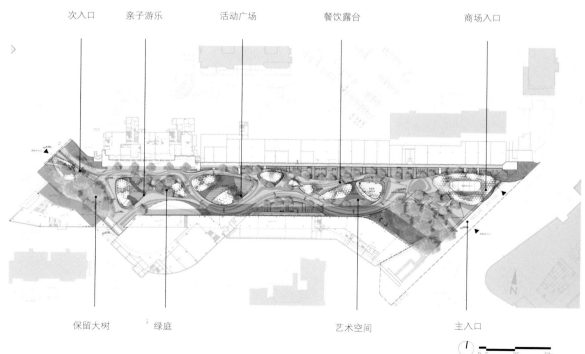

保留大树　　绿庭　　　　　　　　艺术空间　　　　主入口

0　5　　　25　　　50m

平面图（概念阶段）

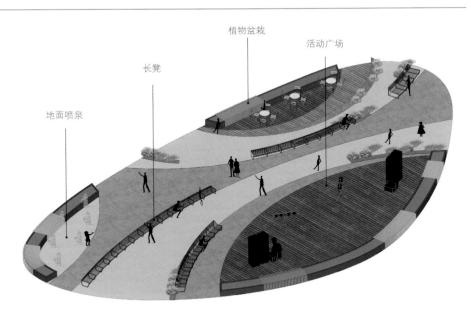

地面喷泉　长凳　植物盆栽　活动广场

"岛屿"细节图（概念阶段）

"岛屿"类型图（概念阶段）

10~13. 改造前后同位置对比
14~16. 改造前街区原貌

（2）空间改造

在改造过程中，Kokaistudios 的第一个设计举措就是拆除了贯通里巷两端的混凝土步行天桥。这是一条在步行街上的非必要冗余元素，由于步行街本身并没有机动车辆驶入，因此安全隐患并不大，也无需专门设置步行天桥。为了节约时间，居民们很少会从桥上通过，天桥也基本没被使用过。然而它的存在却阻碍了街道两端的视线，成为了一个负面因素。拆除天桥后的可使用空间范围及视野大大开放了，但也进一步暴露了商业街缺乏特色的事实。设计团队从现有的实际条件出发，最大限度提高空间使用率和设计感，增设儿童游乐区、露天舞台等不同的功能使用区，并增设了雨棚等设施，使步行街成为充满活力和时尚感的全新社交空间。

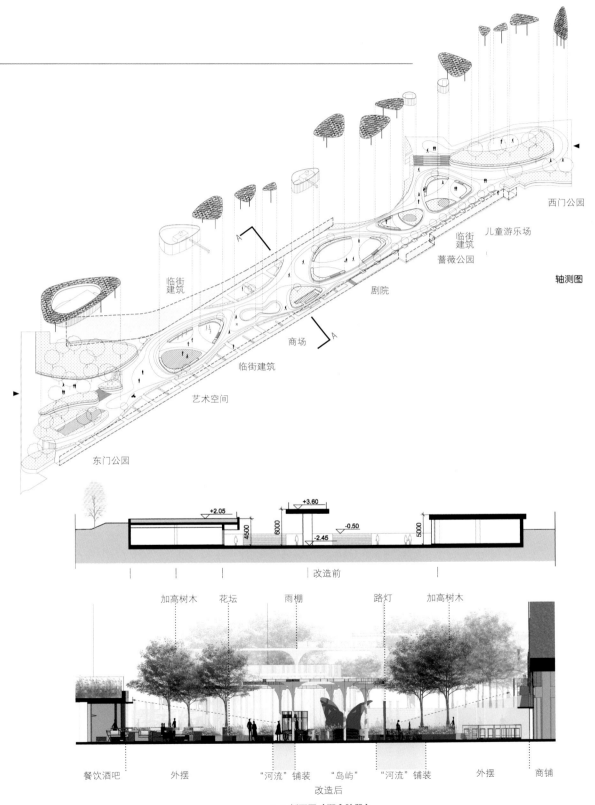

轴测图

西门公园

儿童游乐场

临街建筑

蔷薇公园

剧院

临街建筑

商场

临街建筑

艺术空间

东门公园

A

A

+2.05

+3.60

-0.50

-2.45

4500

6000

5000

改造前

加高树木　　花坛　　雨棚　　路灯　　加高树木

餐饮酒吧　　外摆　　"河流"铺装　　"岛屿"　　"河流"铺装　　外摆　　商铺

改造后

A-A 剖面图（概念阶段）

17. 露天舞台
18. 景观亭结构细节

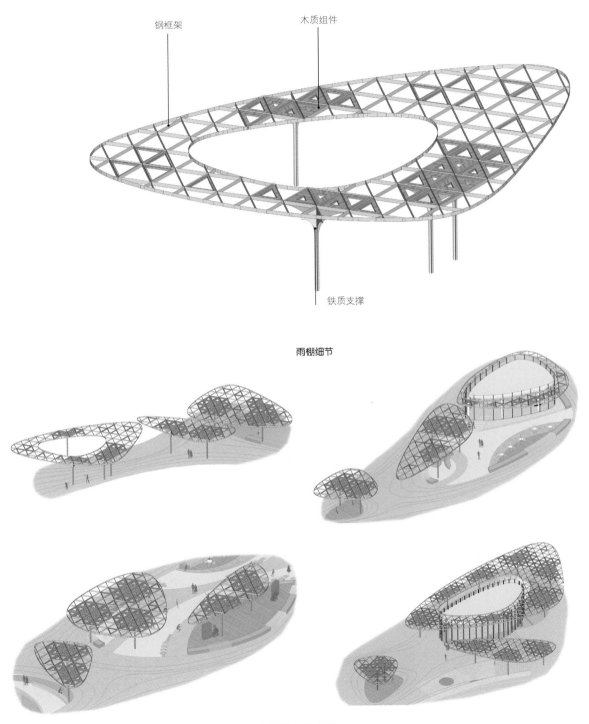

钢框架　　　木质组件

铁质支撑

雨棚细节

雨棚类型（概念阶段）

19~21. 概念阶段效果图
22. 楼梯上的座椅及不远处的亲子游乐空间夜景
23. 孩子们与空间的互动

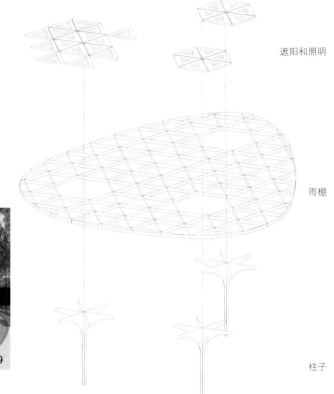

遮阳和照明

雨棚

柱子

景观亭设计分解图

（3）细节设计

除此之外，很多细微的干预设计在里巷的改造中也发挥了作用。众多的定制化元素呈现了设计师对细节的密切关注，于细微处提高了项目的质量。例如，精细的雨水收集系统和网格状的金属树篦可全面保护植物根部，既解决了灌溉问题，也可以确保植物更好地生长，从而达到美化环境的效果。树篦的材质为镀钛抗指纹不锈钢板，深灰色的金属材质整洁素雅。

　　地面铺装的石材为鲁灰和芝麻黑两种颜色，与树篦颜色呼应。为了解决排水问题，商业街内设计了排水暗沟，保证雨后不会有长时间的积水。由于商业街为下沉式设计，因此靠大高差台阶通向外部空间，设计师利用此部分空间，将台阶设计成了座椅供行人休息。座椅的装饰面为竹木板，座椅下方的不锈钢板槽内设置了隐藏的 LED 灯带，在夜间既能起到照明作用，又能达到装饰效果。

24. 艺术空间
25、26.临街商业建筑立面
改造前后对比

（4）建筑立面改造

　　设计还对现有及未来商户的沿街立面进行了全面提升，这些商户包括健身房、餐厅、私人俱乐部等。立面材质为氟碳喷涂铝型材，颜色有深灰色和金色两种。立面下方增加了雨棚，雨棚下有统一的照明设备，外立面采用横向百叶的设计语言将各种元素统一起来，这样在视觉上就有了更强烈的主题化联系。延伸的露台是餐饮店的主要特色，周边围绕着葱郁的花圃；巧妙安置的外摆区木地板、粗粝的石材元素，以树木作衬，构成了北京中心区的一方自然空间。设计的整体效果令人感到舒适惬意，更契合里巷精致的生活方式。

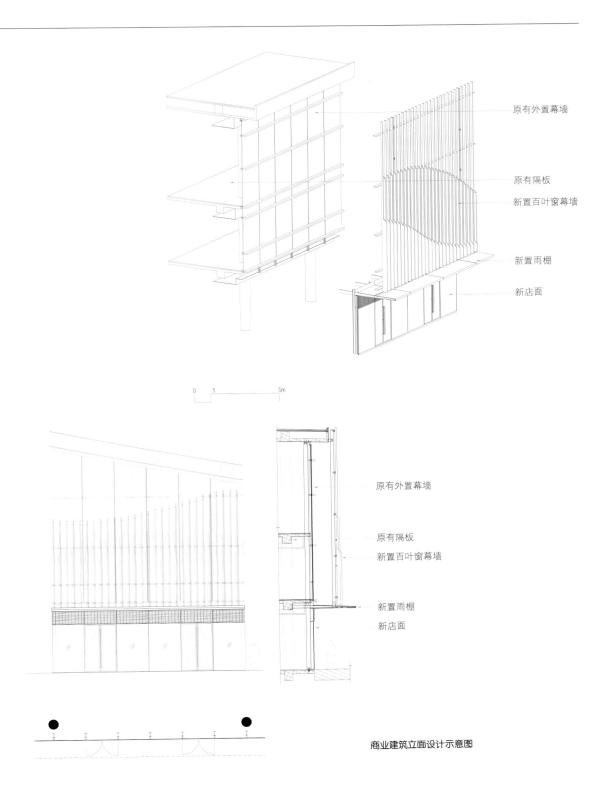

原有外置幕墙

原有隔板

新置百叶窗幕墙

新置雨棚

新店面

原有外置幕墙

原有隔板

新置百叶窗幕墙

新置雨棚

新店面

商业建筑立面设计示意图

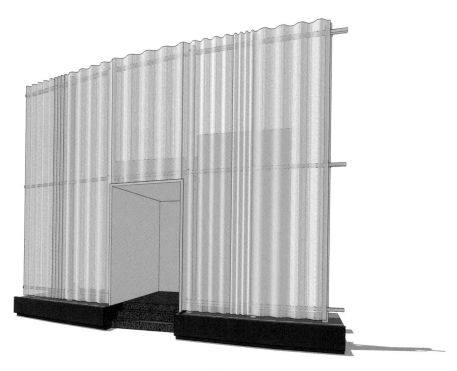

构筑物结构细节

27.餐饮市集夜景
28.东入口广场
29.餐饮集市

（5）构筑物

　　场地中设计多处景观构筑物，每一处都具有不同的功能，有的是艺术空间，有的为了美观包裹了原有的楼梯间，有的作为地铁入口。

项目改造后的效果

　　改造后的里巷流线清晰，满足了周边居民及游客的需求，成为了一条专注于服务社区生活的公共性街道。在升级改造中，最为醒目且实用的设计是景观雨棚和公共休闲座椅。整条商街覆盖着一系列的景观雨棚网络，从视觉上破开了原本空旷的场地。这一连串的景观雨棚不仅提供了欢迎式的遮阳场所，在夜幕降临时它们的顶棚被点亮，在渲染了气氛的同时也带来了夜视安全和保障。它们仿佛是一串相连的群岛，被设计成有着多种功能的"绿洲"：儿童游乐区、成簇的绿植区、公共休闲长椅……最中心的景观雨棚下方是一个多功能的露天平台，可以举办各类室外活动，也为未来里巷的拓展创造了可能性。

29

项目改造的意义

　　里巷于 2020 年改造完工。它从一个曾经未被充分利用、与周边环境脱节的荒芜地块一跃成为极具吸引力、功能性和配有灵活设施的多元化社交空间。这一转变提升了周边居民的业余生活质量，让他们在闲暇时间有了更为舒适的休闲活动场所及亲子空间。同时，里巷改造也促进了该区域的经济发展。如今，这个城市更新项目以其多功能的露天活动空间吸引了众多高端企业的入驻，众多的便民设施也获得了社区居民的青睐，从而带动了整个商圈的经济提升。这一改变也为中国城市街道的有机更新树立了新的标杆。

30

30. 艺术空间夜景
31. 亲子游乐空间
32. 步行街

重塑自然序列

天健领域改造更新

项目地点：
广东省广州市
建筑改造面积：
37830m²
景观改造面积：
8470m²
设计公司：
BEING 时建筑
主创设计师：
戴家明 / 郭源 / 冯熠
设计团队：
朱韵彤 / 李玉青 / 陈杰
梁启富 / 陈晓聪 / 江建伦
摄影师：
LikyFoto

项目改造背景

　　天健广场位于广州市区北部白云山脚下，总占地面积逾 60 万平方米，是广州大道北核心商圈内的龙头专业市场，紧邻 105 国道、环城、华南快速干线、京珠高速，距广州火车站、白云国际机场及广交会琶洲会馆仅 15 分钟车程，邻近 3 号地铁同和站出口，交通网络完善。历经了 20 年的发展，该地块由最早期的货运场到装饰建材五金龙头市场并逐渐改造升级为涵盖商业办公、专业市场、居住、娱乐、文化活动、艺术展览、社区共享、公共花园等一体化的综合型服务社区。天健广场见证了从传统生产力到商业贸易再到信息媒体时代的全过程。

1. 前台接待"山体"夜景效果
2. 室外"山体"序列

项目区位图

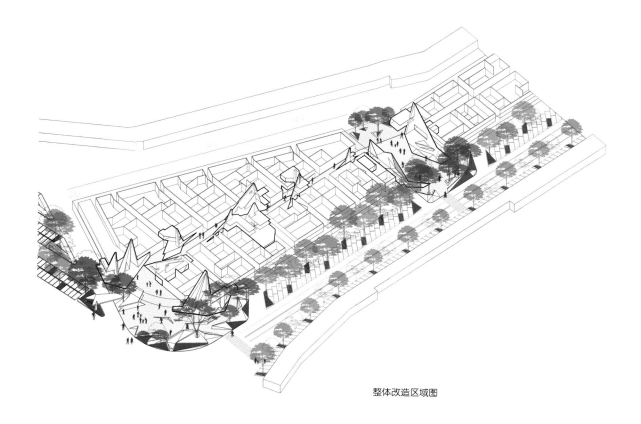

整体改造区域图

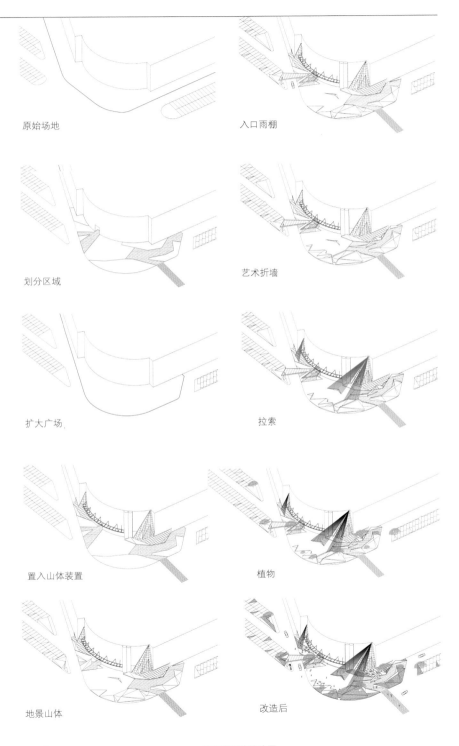

原始场地

入口雨棚

划分区域

艺术折墙

扩大广场

拉索

置入山体装置

植物

地景山体

改造后

前广场改造策略图

3~12. 同一位置改造前后对比

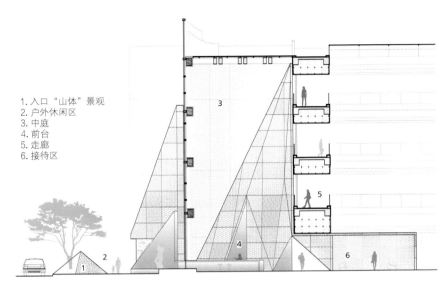

1. 入口"山体"景观
2. 户外休闲区
3. 中庭
4. 前台
5. 走廊
6. 接待区

入口及中庭剖面图

入口设计及内部格局划分

　　A/B 栋建于展贸型商业空间盛行的 2000 年，作为五金建材商铺的主楼，是进入天健南入口的标志性建筑。其内部空间为典型传统的商业广场布局，以人流的主动线为轴，中轴采光，外侧环绕分支的次动线，动线两侧满布商业店铺。前区原广场较小，为入口前区的车行通道让出了很大的转弯空间，因无环境营造平时几乎空旷无人。随着零售业受到线上消费的冲击，市场业态发生巨大的转变。天健广场希望重塑南门入口的形象，改造升级 A/B 栋，挖掘原有建筑的使用潜力，打破原空间格局，重新划分区域，加入独特的新鲜元素，使之成为新型可租赁办公 + 零售展示 + 商业空间 + 社区活动一体化的办公展示综合体。

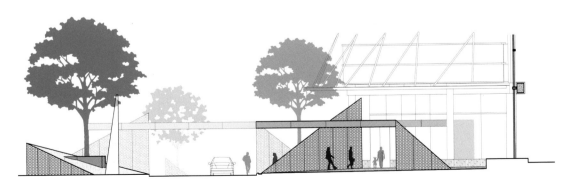

入口景观"山体"立面图

"山体"装置的置入

　　原建筑的形制与内外空间的秩序无疑是僵化且无趣的，如何破除僵化的空间秩序，重新营造一个新型的共享社区交互环境是设计师们思考的一个重点。一种秩序侵入原有的秩序并形成新的秩序，设计师希望通过在原建筑内外空间介入一系列人造抽象化的艺术"山体"装置，来建立新的秩序。有序的山体装置瓦解了原来僵化的建筑空间形态，重塑了总体空间的印象。作为一种新的媒介，"山体"装置介入原有的建筑空间，重新组织、装载并连接了新的时空，使人们的空间运动、参与、交互行为相互转译，形成一个全新的、立体的、多维度且具有情感感知的空间。这些带有实验性的"山体"装置形态各异并具有一定的规律性。它们分别形成了场地新的记忆点，序列化的同时又暗示了整体系统的一致性。它们模糊了景观、建筑、室内、艺术装置的边界。设计师希望在城市更新的浪潮里，在"标准式"穿衣戴帽快速建造的改造手法之外，提供另一种可能性与范本。

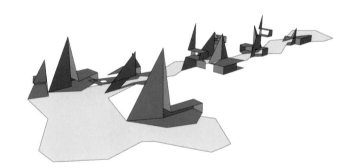

置入"山体"设计概念

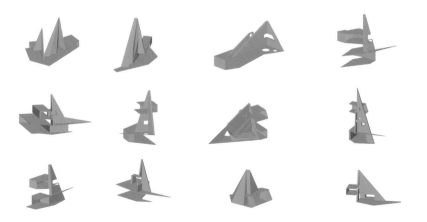

置入"山体"原型

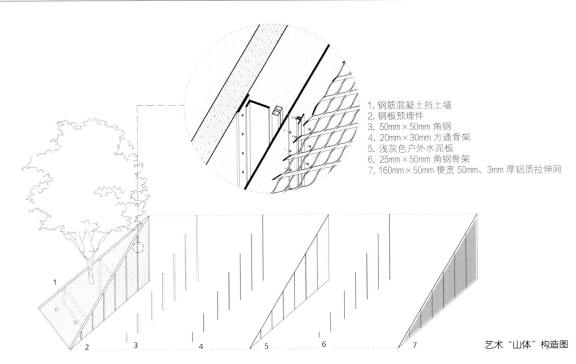

1. 钢筋混凝土挡土墙
2. 钢板预埋件
3. 50mm×50mm 角钢
4. 20mm×30mm 方通骨架
5. 浅灰色户外水泥板
6. 25mm×50mm 角钢骨架
7. 160mm×50mm 梗宽 50mm、3mm 厚铝质拉伸网

艺术"山体"构造图

13. 广场看入口"山体"

13

14

外广场设计

外广场是"山体"装置序列的起点，被定义为主入口的标志性节点。其外延被适当扩大，景观和交通路线被重新组织和梳理，打造成南门的大花园。改造后的外广场分为五个区域：水池景观区、咖啡花园区、入口接待区、活动广场区和休闲洽谈区。广场的尺度被合理地控制，由半高的水池景观限定视线，一侧可观全入口区域，另一侧可望向花园小径。白昼时光，工作的人们在树下喝咖啡交谈；夜晚灯光亮起，这里便成为周边居民散步聊天的场所。

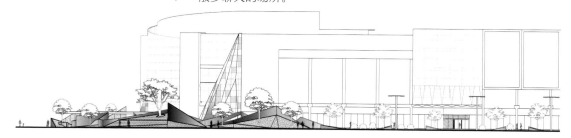

景观长轴立面

15

14. 广场入口全景
15. 广场概览
16. 停车场小"山体"
17. 折板艺术墙局部

广场的边界由中间高两侧低的连续艺术折墙界定，与3m多高的水池"山体"同时成为内广场的背景，有效地隔离了外部杂乱的环境和交通噪声。"山体"造型由不同体量的三角体连续变形构成，剪纸般抽象化的艺术折墙间断地穿插其中，让空间更加灵动，塑造出不同的活动区域与观景视角，同时也记录了树影的时间印记。

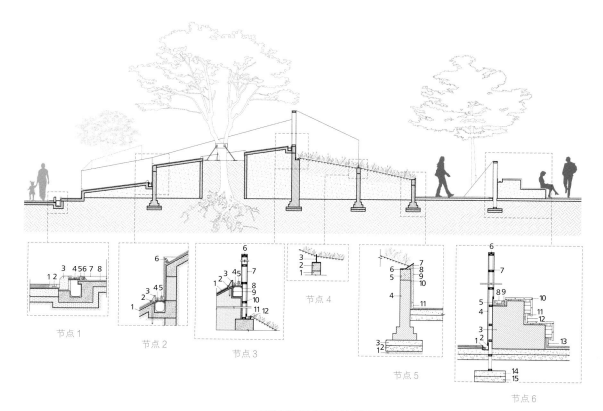

景观水池剖面及节点大样图

节点 1
1. 新加 200mm 宽路平石
2. 点状埋地射灯
3. 600mm×250mm×150mm 厚 PC 预制路牙
4. 钢格栅排水沟盖板上铺碎石
5. 水池边蒙古黑火烧面异形石材收口
6. 水底线性射灯
7. 水面
8. 水池底 15mm 厚蒙古黑火烧面石材

节点 3
1. 水池底 15mm 厚蒙古黑火烧面石材
2. 水池给水管
3. 水池边蒙古黑火烧面异形石材收口
4. 钢格栅排水沟盖板上铺碎石
5. 线性室外防水射灯照不锈钢墙面
6. 顶部留槽内凹 20mm 深
7. 2mm 厚原色拉丝不锈钢板
8. L25 角钢固定钢格栅
9. 成品排水沟
10. 不锈钢墙骨架
11. 线性室外防水射灯照不锈钢墙面
12. 3mm 厚不锈钢 U 型槽

节点 2
1. 水池底 15mm 厚蒙古黑火烧面石材
2. 水池给水管
3. 水池边蒙古黑火烧面异形石材收口
4. 钢格栅排水沟盖板上铺碎石
5. 线性室外防水射灯照不锈钢墙面
6. 水池边蒙古黑火烧面异形石材收口

节点 5
1. 素土夯实
2. 100mm 厚 6% 水泥石粉垫层
3. 100mm 厚 C20 混凝土
4. M5 水泥砂浆砌 MU7.5 砖
5. C20 素混凝土压顶
6. 膨胀螺栓固定
7. 5mm 厚不锈钢折板收口条
8. 石材胶填充
9. 灰色青石板
10. 20mm 厚 1:2.5 水泥砂浆结合层
11. 底部首块 45°半块切割

节点 4
1. C20 素混凝土压顶
2. M5 水泥砂浆砌 MU7.5 砖
3. 5mm 厚 T 型不锈钢收口条

节点 6
1. 线性室外防水射灯照不锈钢墙面
2. 2mm 厚原色拉丝不锈钢板折边
3. M5 水泥砂浆砌 MU7.5 砖
4. 2mm 厚原色拉丝不锈钢板
5. 3mm 厚 L 型原色拉丝不锈钢收口条
6. 顶部留槽内凹 20mm 深
7. 不锈钢墙骨架
8. 点状埋地射灯
9. 碎石
10. 150mm×300mm 防腐木地台
11. 暗藏室外灯带
12. 室外防腐木收边
13. 灰色青石板
14. 100mm 厚 C20 混凝土
15. 100mm 厚 6% 水泥石粉垫层

18. 内花园景观
19. 透过洞口看花园
20. 内花园景观局部

　　咖啡花园和休闲区分别倚靠在建筑的两侧，和室内空间紧密相连，分别是咖啡吧和招商中心的外延，通过"山体"底部的延展与地景小"山体"形成半围合的空间，配以不同种类的植物，形成风景独特的花园区域。

入口区域由几组大小各异的抽象"山体"组合而成。抽象"山体"均是由两个金属侧面和一个草坪面围合而成。草坪面的方向各不相同，通过草坪面的变化引导来自不同方向人流进入建筑的行径方式。V字形的雨篷浮在"山体群"之上，界定出人行入口、车行通道以及落客区。半透光天棚与镜面不锈钢天棚的设置，使入口空间光线斑驳，树影婆娑，风影摇曳，生机盎然。

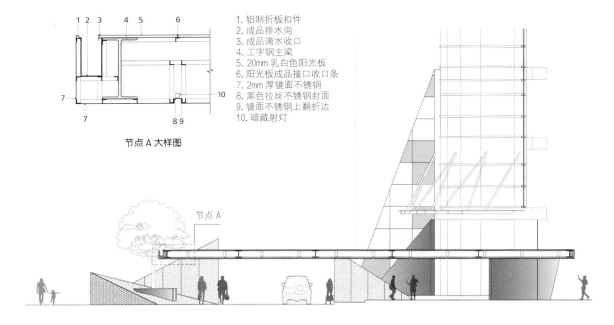

1. 铝制折板扣件
2. 成品排水沟
3. 成品滴水收口
4. 工字钢主梁
5. 20mm 乳白色阳光板
6. 阳光板成品接口收口条
7. 2mm 厚镜面不锈钢
8. 黑色拉丝不锈钢封面
9. 镜面不锈钢上翻折边
10. 暗藏射灯

节点A大样图

节点A

入口雨篷剖面及节点大样图

21. 入口区的"山体"
22. 入口处金属面及道路铺装
23. 入口"山体"夜景
24. 景观化的"山体"序列与色彩变化

室内空间设计

　　"山体"装置在瓦解了原僵化空间秩序的同时，营造并重构了人与空间的新秩序。"山体"序列不仅是空间的视觉导引，同时也各自承载不同功能的共享空间，与旧的空间，与当下人的行为模式形成各种日常性的交互。这些带有新功能空间装置体的介入，使每座"山体"都具有了独特的记忆编码，在原来匀质的建筑空间里形成多个新的空间坐标。

隐喻了四季"山体"丰富变化的色彩被设计到装置序列里，景观化元素的设置结合中庭的自然光线，希望能赋予场地更多的自然属性，使人自觉本能地产生对自然生态环境的联想。局部冲突的色彩，在唤起人们潜在情感的同时也给人们带来了愉悦感。每个装置都是独立的"山体"景观，重复序列形成后，人们在里面游走时仿佛置身于画中的近景、中景、远景，层层叠叠，此山望彼山。不同洞口的设计形成空间里的借景、对景、框景，达到步移景异的效果。

25~28.景观化的"山体"
序列与色彩变化

抽象化的"山体"景观

每座"山体"装置都承载了不同公共参与性的空间。前台、接待、洽谈、室内高尔夫、图书吧、公共展厅、路演平台、台球室、会议室、休闲区、画廊、展览、室内攀岩、亲子活动等一系列多样化的社交活动空间被置入其中。它们分布在"山体"的不同高度，不同场景的组合形态也为共享空间带来了丰富性和多样性，设计师希望通过人们对"山体"装置活动的日常性参与，重新塑造并激活原有的建筑空间，使之成为适应共享社区新形态的场所。

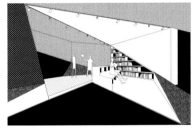

阅读吧

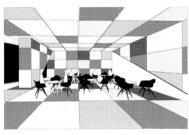

接待区

室内高尔夫

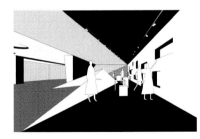

展览区

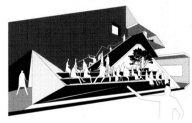

路演区

休闲吧

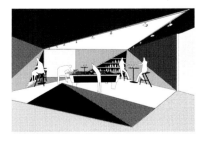

桌球吧

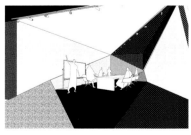

会议室

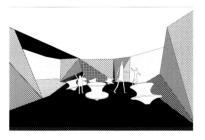

亲子区

室内"山体"装置活动

29. 前台接待区

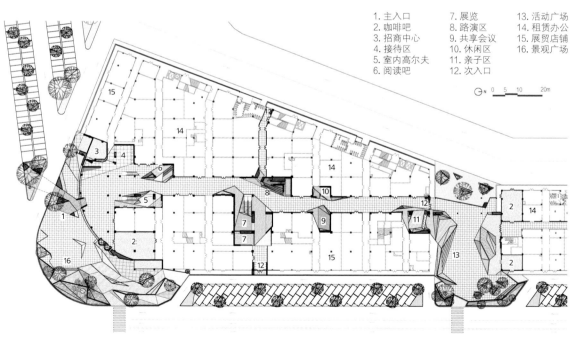

1. 主入口　　7. 展览　　　13. 活动广场
2. 咖啡吧　　8. 路演区　　14. 租赁办公
3. 招商中心　9. 共享会议　15. 展贸店铺
4. 接待区　　10. 休闲区　　16. 景观广场
5. 室内高尔夫　11. 亲子区
6. 阅读吧　　12. 次入口

一层平面图

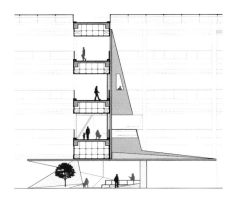

阅读"山体"立面图

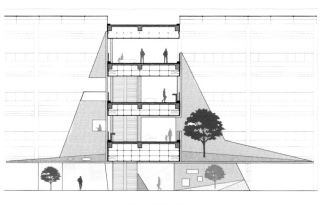

展览"山体"立面图

36

项目改造的意义

BEING 时建筑事务所从 2016 年开始介入并担纲天健广场的整体改造和更新计划，内容涉及规划、景观、建筑、室内、装置。持续的地块更新像自然生长一样，让天健广场逐渐变成城市中一片宜居宜商的花园艺术社区，不仅吸引了更多优质商家的入驻，也为周边社区居民提供了一处休闲娱乐的好去处。

30. 山体景观
31. 山体活动空间
32、33. 阅读区
34、35. 展览区
36. 高尔夫球区
37. 路演区

37

木木
艺术社区改造

项目地点：
北京市隆福寺街 95 号
钱粮胡同 38 号 15 号楼
用地面积：
800m²
总建筑面积：
地上 2070m²
地下 750m²
设计公司：
B.L.U.E. 建筑设计事务所
设计团队：
青山周平 / 藤井洋子
荣浩翔 / 陈乃纶 / 杨雨嘉
摄影师：
夏至

项目改造背景

　　项目位于北京隆福寺街钱粮胡同，依傍于景山、北海、中国美术馆、人艺剧场等城市地标。隆福寺始建于明代，是一片汇集了商业气息和艺术活动的繁华区域，直至 1993 年经历了一场火灾事故。在那之后，北京一些创新商业文化地块得到开发，如三里屯、798 等。这导致隆福寺地区的经济逐渐衰退，慢慢淡出了北京人的记忆。

　　作为隆福寺地区振兴计划中的重要组成部分，木木艺术社区改造项目旨在继承隆福寺地区蕴含的历史文化，并发掘更多机遇与潜力。本次项目的选址建筑原为隆福寺职工食堂，结构简单，内部空间开敞，很适合进行美术馆项目改造。设计团队以"将现代元素融入胡同历史城区"为出发点，尝试了兼具本土性和试验性的改造设计。

1. 建筑立面日景
2. 灯光下的建筑立面呈现出独特的颜色和光泽

3. 建筑立面及前方庭院
4~13. 建 筑 同 一 位 置 改
造前后对比

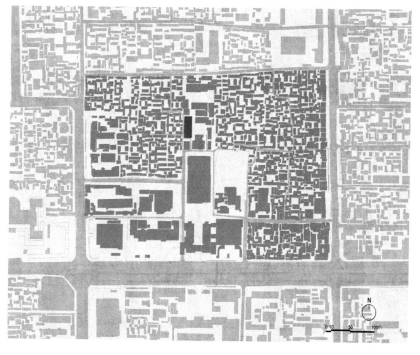

项目区位图

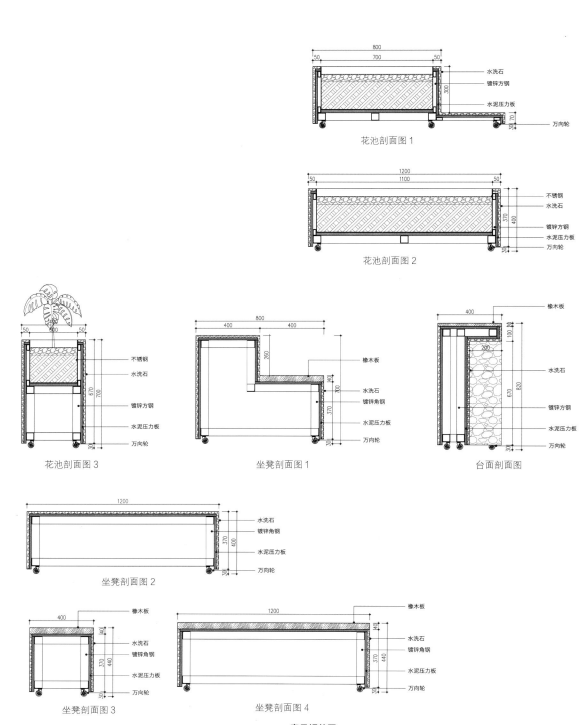

花池剖面图 1

花池剖面图 2

花池剖面图 3

坐凳剖面图 1

台面剖面图

坐凳剖面图 2

坐凳剖面图 3

坐凳剖面图 4

家具细节图

建筑空间结构

建筑空间分为四个部分：展览空间、提供休憩和临时活动功能的屋顶露台、一层的咖啡商店和地下一层的演出场馆。

其中展览空间分为地上和地下两个区域，通过面积、高度和地面材质的区分将其分割为几个不同的展厅，跨高从 2.2m 到 7m，既有利于展出不同类型和规格的展品，又能为观众带来别样的观展体验。

14~17. 绿植装饰下的室内咖啡区为游客提供了舒适的休息环境

动线设计

　　随着社会节奏日益加快，城市能够提供给人们的专注空间越来越少，人们很难获得安静观看一件艺术品的日常体验。考虑到木木艺术社区是城市核心区的艺术中心，设计师们希望通过展览动线使观众切换心情，以获得更好的艺术体验。观众购票后将首先经过通道来到地下一层——这个区域是原建筑的人防区域，窄小低狭的走廊与天花保留了原有粗糙混凝土的墙面，低迷的空间光线与温度，七个大小相近互相连通的房间带给人迷宫般的体验。走过之后将突然出现通往一楼展厅的楼梯，两个连续但截然不同的环境体验营造了一种错觉，空间定位的迷失使观众暂时忘却外部生活的浮躁，重获平静心态观看展览。室内外的休闲空间只有一窗之隔，室内咖啡区设置了高低各异的水磨石座椅，配合着精致的绿植，总体色调清新淡雅。室外咖啡区延续了室内的清新之感，带给游人别样的休闲韵味。经过一层展厅来到二层、三层，空间逐步变大，天花高度也逐步变高，自然采光和外界景象也随之展现。同时，美术馆西侧的展厅以及楼梯间墙壁上新开的小窗和露台，也在观众的艺术体验过程中穿插了老城区的胡同生活氛围，这样富于变化而完整的体验使得木木艺术社区变得更具特点。

18. 改造后的建筑和周边建筑和谐共存

18

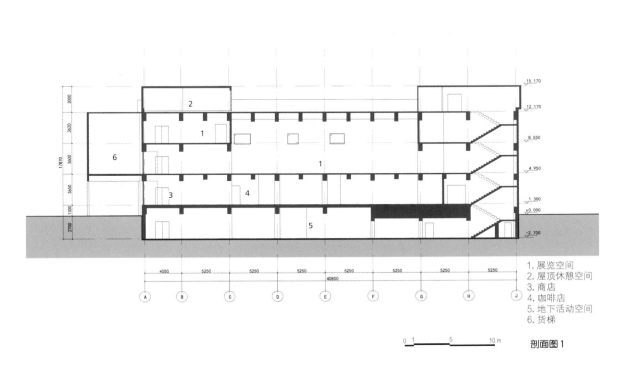

1. 展览空间
2. 屋顶休憩空间
3. 商店
4. 咖啡店
5. 地下活动空间
6. 货梯

剖面图 1

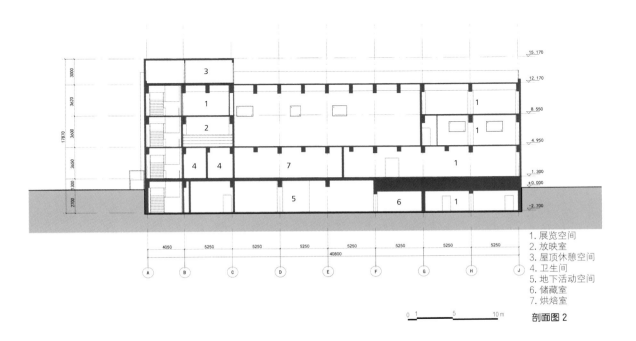

1. 展览空间
2. 放映室
3. 屋顶休憩空间
4. 卫生间
5. 地下活动空间
6. 储藏室
7. 烘焙室

剖面图 2

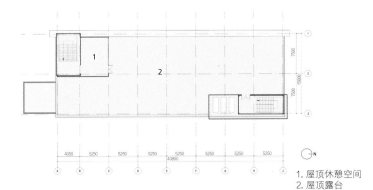

19. 独立展览空间
20、21. 二层通高展厅
22. 户外咖啡区
23. 室内外空间透过玻璃可形成视线交流
24. 建筑一层入口
25. 连接地面和地下展厅的楼梯
26. 地下展厅

屋顶平面图　　0 1 ⸺ 5 ⸺ 10 m

1. 屋顶休憩空间
2. 屋顶露台

三层平面图　　0 1 ⸺ 5 ⸺ 10 m

1. 展览空间

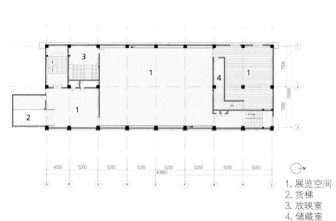

二层平面图　　0 1 ⸺ 5 ⸺ 10 m

1. 展览空间
2. 货梯
3. 放映室
4. 储藏室

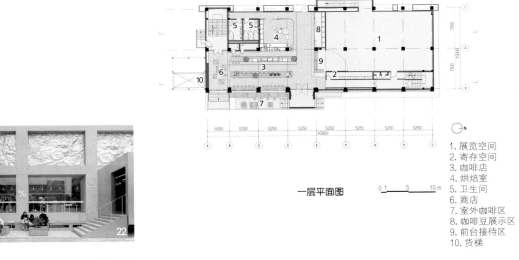

一层平面图   0 1   5   10 m

1. 展览空间
2. 寄存空间
3. 咖啡店
4. 烘焙室
5. 卫生间
6. 商店
7. 室外咖啡区
8. 咖啡豆展示区
9. 前台接待区
10. 货梯

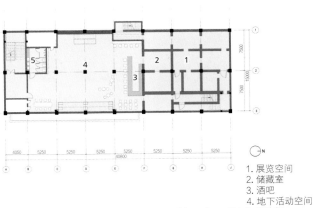

负一层平面图   0 1   5   10 m

1. 展览空间
2. 储藏室
3. 酒吧
4. 地下活动空间
5. 卫生间

外立面改造

　　木木艺术社区作为一个公益性质的艺术机构，对这次的改造项目有着较为严格的成本控制。设计师们没有选用常见的建筑立面材料，而是发掘了一种新的材料——镀锌钢板，打造出褶皱肌理的形式。镀锌钢板拥有较好的耐腐蚀性和独特的表面肌理，平时主要作为围挡、通风管道等使用，成本也因此得到控制。设计师们最先尝试的机械加工方式很难达到预想中随机褶皱的效果，进而决定人工加工。在人工实验的过程中，通过不同厚度的镀锌钢板测试，设计师们发现太薄的经过弯折很容易出现破损，过厚的又难以加工，因此决定了 0.3mm 厚的镀锌钢板。对于镀锌板面质感的选择，考虑到板材加工方式的不同，设计师们也对比了多家工厂。在建筑施工阶段，为了使整体立面具有节奏性变化，设计师们首先确定了五种不同程度的折痕来过渡效果，同时配合工人亲自加工板材，最终呈现了一种机械加工无法轻易实现的立面效果。

27~31. 施工过程
32. 立面细部，镀锌钢板呈现出皱褶的肌理
33. 建筑立面

项目改造的意义

目前项目周围陆续引入了餐厅、酒吧、咖啡店、共享办公等业态，吸引了更多从各地前来参观、娱乐的人群，甚至长期在此工作生活。木木艺术社区的改造不仅逐渐改变了本地人群原本的生活状态，使得北京二环内老城区更富年轻氛围，也再次唤醒了这片有着百年历史地区的文化活力。

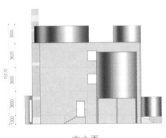

南立面

西立面

北立面

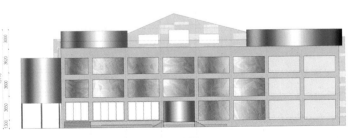

东面图

安亭新镇
中央广场改造

项目地点：
上海市安亭新镇
项目面积：
50000m²
设计公司：
Kokaistudios
首席设计师：
Filippo Gabbiani
Andrea Destefanis
设计总监：
Pietro Peyron
设计团队：
Andrea Antonucci
Liu Chang
Anna Maria Austerwei
Daniele Pepe
摄影师：
Marc Goodwin
金伟琦

项目改造背景及区位

　　该项目的所在地安亭新镇，分别距离上海市中心30km，虹桥机场17km，F1赛车场9km，周边地铁站3km。2017年7月，国家住建部公布了第二批全国特色小镇名单，安亭镇成为上海首个有工业主题的入围小镇。早在2001年，这里便被规划为德国主题区，是上海汽车产业的大本营。近年来，万科集团作为中国领先的房地产开发商，在此收购了大片土地。

1. 中央景观亭
2. 中央广场鸟瞰图

为了让卫星城市对居民更具吸引力，万科集团委托 Kokaistudios 对安亭新镇的中心广场进行改造。设计师通过设立中心地标、延展并重新定义场内四条轴线等一系列方式，将这方从前未被充分利用、设施匮乏的空旷地带提升为一个熙攘繁华、充满活力的文化活动中心。

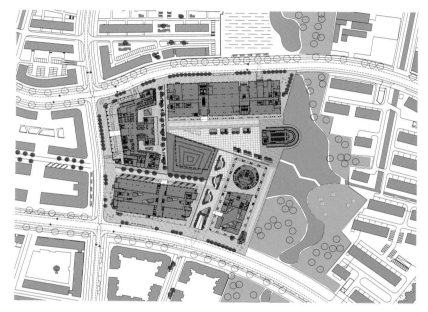

总平面图

项目区位图

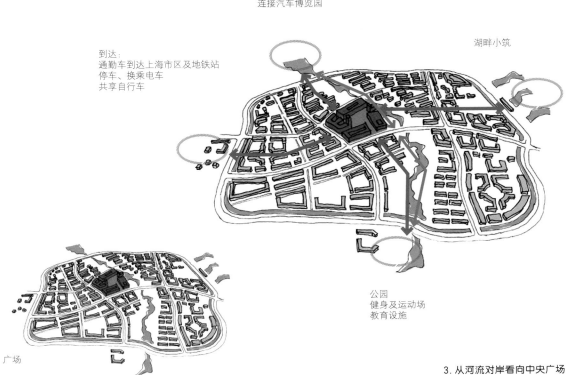

果园
连接汽车博览园

到达：
通勤车到达上海市区及地铁站
停车、换乘电车
共享自行车

湖畔小筑

公园
健身及运动场
教育设施

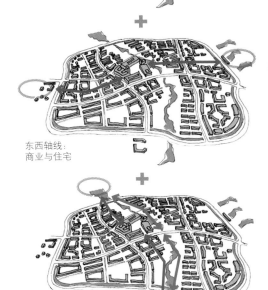

广场

＋

东西轴线：
商业与住宅

＋

南北轴线：
室外活动与休闲

整体策略：中央广场及4条景观轴线

3. 从河流对岸看向中央广场

改造前面临的问题及场地现状

　　该项目位于安亭镇的中心广场，占地 5 万平方米。由于尺度过大，加之环境空旷、缺乏活力，该空间给人的感觉并不友好：没有遮阴纳凉的地方、没有充裕的照明系统、没有休憩座椅，因此改造前这里几乎未能向周边居民提供任何功能。对于上海市这种一线城市，在用地资源相对紧张的情况下，这种没有被充分开发的大面积空旷闲置土地的存在，无疑是对土地资源的一种浪费。

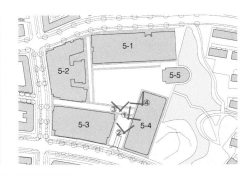

铺地 1：小块方形铺地，用于建筑四周，在广场上形成了围绕建筑的走道（实景图编号与图纸编号对应）

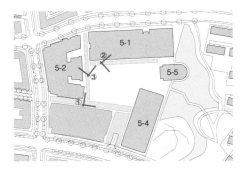

铺地 2：长方形铺地，在广场上用于界定每栋建筑前的范围（实景图编号与图纸编号对应）

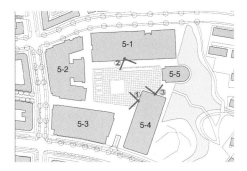

铺地 3：大块方形铺地，用于广场中央铺地（实景图编号与图纸编号对应）

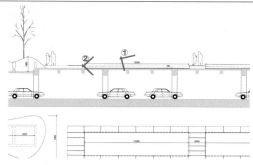

教堂前的空场地

水景：巨大的浅水池位于教堂前的空地上，5 组与金属板结合的喷水池（实景图编号与图纸编号对应）

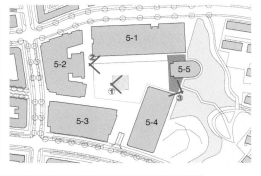

其他元素：中间为木平台，在建筑 5-1 和 5-2 处有台阶，小块石材铺地在教堂前（实景图编号与图纸编号对应）

设计师调研及改造过程

　　设计师经过调研发现，这方超大的广场自有其玄妙之处——它的四条轴线各自指向特色、功能各异的空间：从广场向北，轴线延伸至成熟的果园和配发地；向东是一湾湖泊和迷人的亭台；向南是公园、儿童游乐场等体育锻炼空间；向西则是安亭镇中心内外交通的主要衔接点，包括了地铁站、接驳巴士总站、电动汽车停车场和自行车共享中心。

4. 广场东侧水景及中央景观亭
5. 儿童游乐场远景
6. 中央景观亭

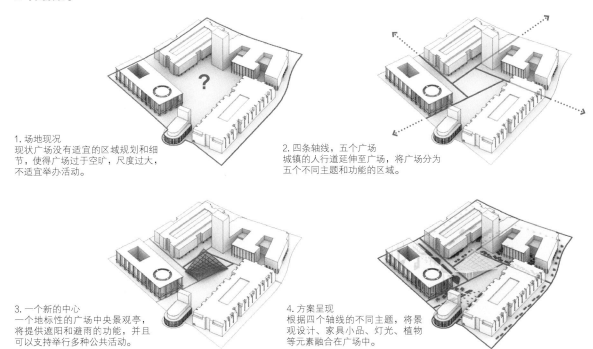

1. 场地现况
现状广场没有适宜的区域规划和细节，使得广场过于空旷，尺度过大，不适宜举办活动。

2. 四条轴线，五个广场
城镇的人行道延伸至广场，将广场分为五个不同主题和功能的区域。

3. 一个新的中心
一个地标性的广场中央景观亭，将提供遮阳和避雨的功能，并且可以支持举办多种公共活动。

4. 方案呈现
根据四个轴线的不同主题，将景观设计、家具小品、灯光、植物等元素融合在广场中。

设计构思步骤

①林荫道

②临水路

③公园与游乐场

④果园

轴线规划（概念阶段）

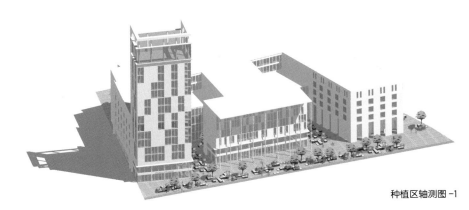

种植区轴测图 -1

种植区轴测图 -2

　　这便是在广场内创造一系列故事的起点，设计师由此在场地内绘制有效的叙事线条。从广场北侧的果园和配发地汲取灵感，对北侧空间设置了模块化的种植模式，邀请居民种植自己青睐的芳香植物。模块化种植模式的好处显而易见，既方便植物的总体规划，也便于后期的打理，即使在大雨过后，也不会造成土壤流失或者淤积，便于广场的清扫。这样的方案不仅让广场北侧与远处的空间功能遥相呼应，更创造了一个可以让人们交流互动的"桥梁"。

7~9. 模块化种植效果图
10~12. 模块化种植实景

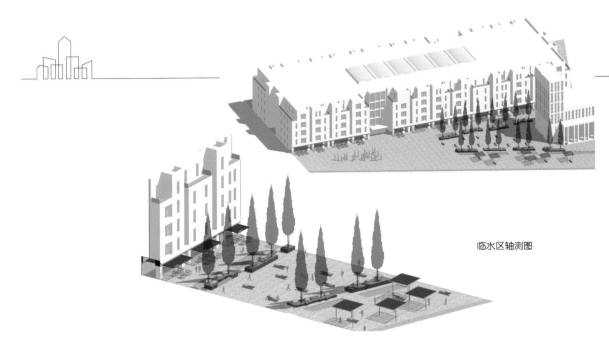

临水区轴测图

　　为了使广场东侧空间与远处的湖泊相联系，Kokaistudios 创造了一处迷人的水景，两侧是供人休憩放松的长椅。水景可供市民欣赏及儿童玩乐，又能在炎炎夏日为人们带来一丝凉爽，调节局部温度和湿度。座椅表皮为木质，冬暖夏凉，可供居民在此小憩或闲话家常。

13、14. 水景效果图
15. 中央景观亭
16. 广场东侧水景及中
央景观亭

17. 亲子活动空间
18、19. 儿童游乐区
效果图

　　南侧借鉴附近公园的灵感，设置了儿童游乐场，为年轻的家庭提供了充满活力的亲子空间。儿童游乐区里有为孩子们量身打造的儿童滑梯，旁边是供大人使用的篮球场和简单的健身器材。虽然总体空间不是很大，却也成为了周边居民日常娱乐、增进亲子关系的好去处。

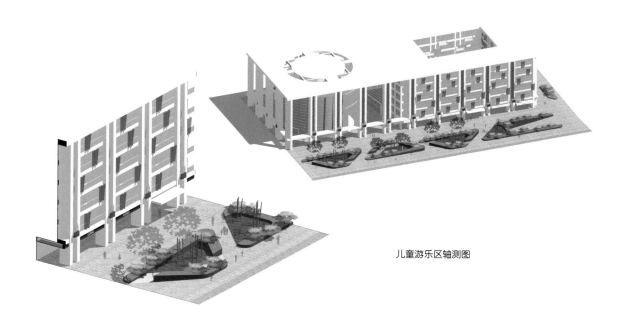

儿童游乐区轴测图

西侧道路是进入广场的主要入口，它连接着安亭镇游览的基础设施。考虑到这一点，Kokaistudios 将其建筑的立面开放给更多的商业空间，扩大了步行区域并为餐饮场所设置了露台休憩座位。建筑的一层延伸出一部分百叶状的遮阳棚，里面嵌入了照明系统，既能遮光挡雨，又能在夜间起到照明作用。

餐饮区露台轴测图

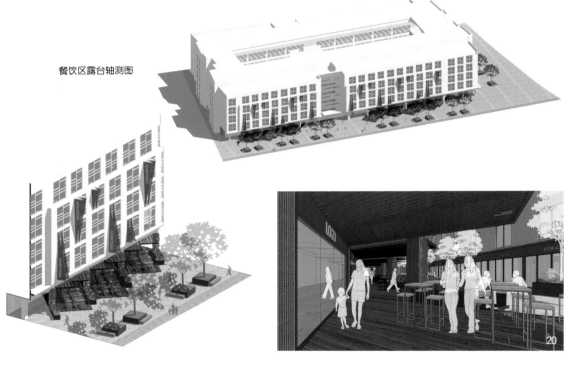

20、21.商业空间露台
效果图
22.门廊及商业街立面
23、24.门廊近景

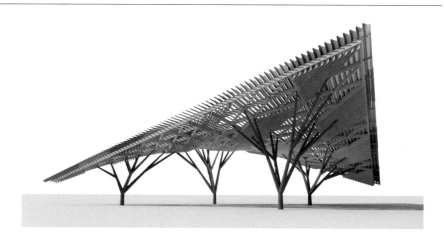

　　将这些不同空间统一在一起的是广场的中央景观亭。作为场地中的标志性建筑小品，它具有多种功能：为亭下创造"舞台"式的活动空间，遮阳挡雨，也可以用作临时的公共篮球场。在设计上，亭顶像船帆一样向上翘起，四边不对称，起角倾斜，给人以强烈的视觉冲击力。它的几何形状设计得极为巧妙，从广场的四条轴线看它，其形状各不相同。亭顶百叶更进一步创造了精彩的视觉效果：从某些角度来看，中央景观亭竟像是透明的一般。

景观亭

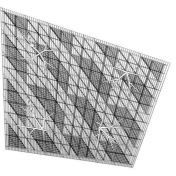

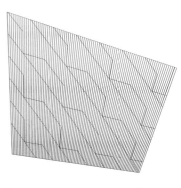

景观亭平面及立面

25、26.景观亭效果图

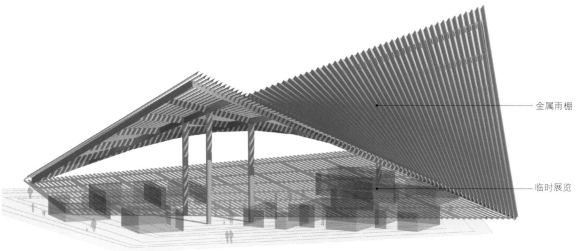

金属雨棚

临时展览

广场及景观亭轴测图（概念阶段）

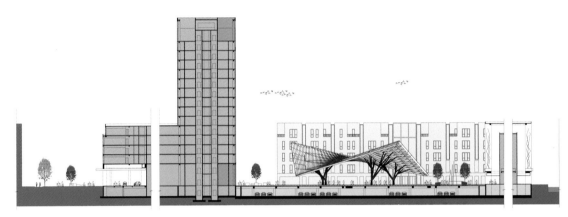

场地剖面图 1

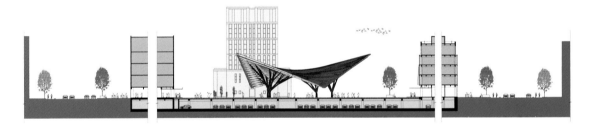

场地剖面图 2

设计师用红色的沥青清晰描绘出广场四条轴线的物理边界，并使之与中央景观亭相联系，构成五大元素。这些线条辨识度极高，看上去是像是"红毯"一般，引导游客进入广场中心。

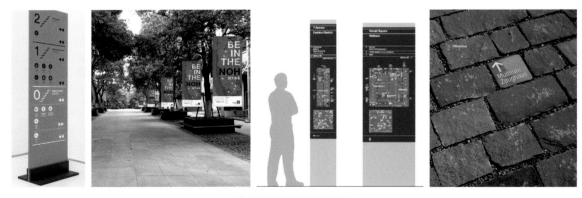

标识系统设计（概念阶段）

项目改造的意义

　　总体而言，这个从前未被充分利用却又广阔的空间已经因 Kokaistudios 的更新设计而全面升级。设计师通过清晰的场地整体规划来鼓励居民参与到各种活动中去，同时采用设置夺人眼球的标志性中央景观亭等方式为安亭新镇的中心广场注入了勃勃生机，不仅为居民和游客创造了一处休闲的好去处，也为卫星城里的微更新设计增色不少。

27.景观轴线
28.模块化种植区和景观轴线
29.景观轴线

云南省玉溪市
生态实验小学改造

项目地点：
云南省玉溪市红塔区
环山路 28 号
场地面积：
23500m²
建筑面积：
13000m²
设计公司：
上海思序
建筑规划设计有限公司
主持设计师
王涛
设计团队：
戴庆辉／黄才／高鋆／高畅
陈立峰／董雯／卢琴
司迪／陈静／陈晓朦
合作单位（结构／施工图设计）：
玉溪建筑设计院
摄影师：
吴清山

项目改造背景

　　随着城市建设从增量向存量转变，城市管理从粗放向精细演化，"城市有机更新""既有建筑改造""土地复合使用""反自然建造的修正"等话题成为讨论的热点。而城市快速发展的道路机动化与住宅高层化，让老校区与新城市之间的关系矛盾重重。玉溪生态实验小学即是在如此背景之下的设计案例。

1. 教学楼主体
2. 远观教学楼

2

项目位于玉溪市的中心区域，校区总面积为 23500m²，地势西低东高，地形极为特殊。学校用地傍山，且周边环境复杂，有饭店、旅馆、烧烤店，还有一个明显的缺点：从入口到达教学楼平台有近 10m 的高差，人徒步走上去很艰难，下雨天则很容易滑倒。因为山体地形的原因，学校内部有很多陡坡，空间区域限制较多。初勘现场，爬上长而陡的坡道可以看见，杂草丛生间一栋老旧的教学楼被遗忘在山林前的空地上，斑驳的墙体年复一年经受着日晒雨淋。沿教学楼后的陡坡而上，自地势高处俯瞰，城市风光尽收眼底，建筑师心中笃定了一个信念——改变与重塑，让这片土地重获新生。

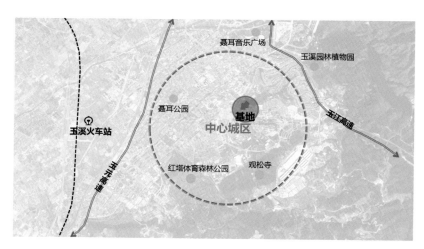

学校区位分析图

项目与周边用地关系图

3. 城市中的校园
4. 校园夜景鸟瞰

4

改造前的现场

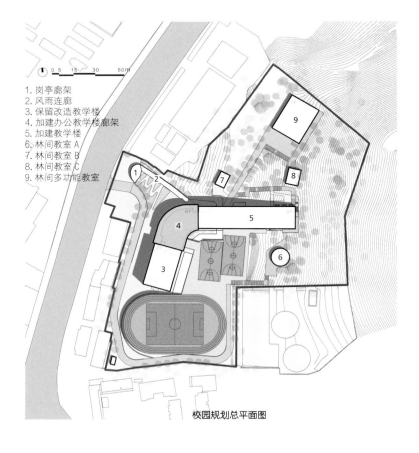

1. 岗亭廊架
2. 风雨连廊
3. 保留改造教学楼
4. 加建办公教学楼廊架
5. 加建教学楼
6. 林间教室 A
7. 林间教室 B
8. 林间教室 C
9. 林间多功能教室

校园规划总平面图

5. 夜景顶视
6. 宽阔的操场空间

现状与需求的矛盾冲突

设计伊始的充分沟通很重要，梳理需求、分析问题、匹配合适的策略实现需求。沿城市界面的建筑群不能拆改，而改造加建的学校又要以新面貌示人，因此教学楼主色调的选择很关键；从入口到教室不能出现台阶，需要用10m多的进深距离化解4m多的高差；在有限的空间里，布置田径场、篮球场、食堂、停车场等空间；利用山林扩大校园空间，在不破坏自然的前提下设置多个林间功能教室；最后尤为重要的是改造项目的成本控制与平衡。各种问题整合之后，设计将一步步破题，一个个解答。

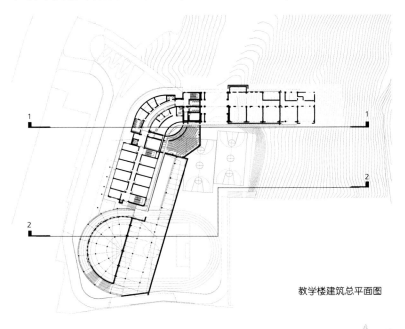

教学楼建筑总平面图

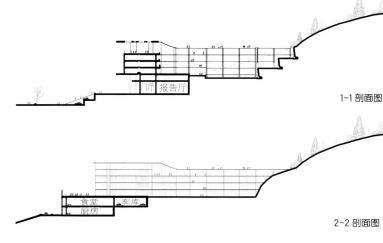

1-1 剖面图

2-2 剖面图

7、8.建筑与山体的关系
9~16.改造前后对比

17、20. 自然生态的校园空间
18. 教学楼隐匿于山林
19. 林间教室

校园里的自然生态环境设计

  操场旁的树林，对于孩子们而言仿佛是另外一个神秘世界的入口。随着台阶拾级而上，每一个有好奇心的孩子都将情不自禁地步入这秘密的自然之境。山林自然生态风景是最具感染力的。最初的设计目标便是要将建筑融入环境。设计师把建筑打散，形成若干个建筑单体，并将它们放置在山体的不同高度处，隐匿在绿色生态的山体之中。经年累月，建筑将和山体形成共生关系：建筑藏身于山石树林，又从山石的绿色中显现出来，若隐若现。

周围是一片翠绿的景色，覆盖在无尽的蓝天之下。阳光明媚，草木在微风吹拂下微微颤动。孩子们总能在这片绿林中找到自己喜爱的"角落"。课堂从室内延伸到室外，在树荫下、阳光下、微风中……

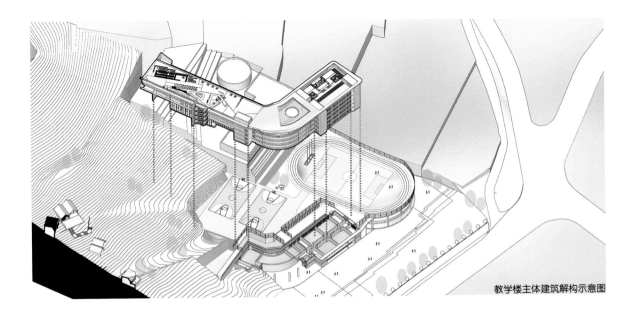

教学楼主体建筑解构示意图

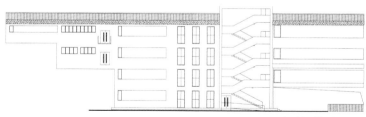

加建教学楼立面图 -1

加建教学楼立面图 -2

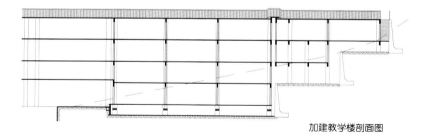

加建教学楼剖面图

新老建筑的共存与升级

由于沿城市界面的建筑群不能拆改，而改造加建的学校又要以新面貌示人，因此设计师最终选择以纯白色为主基调，采用干净利落的极简主义风格，与建筑群产生对比却又和谐统一。远远望去，学校仿佛是一座白色城堡退避于沿街建筑，隐藏于自然山林之中。

教学楼主体设计分为三步，一是美化原有的教学楼建筑结构，二是加建与山体相融合的建筑，三是根据功能需求合理布局空间。从成本控制与平衡出发考虑，原有的教学楼建筑结构将不做改变，通过在外立面加筑木质铝板格栅做美化，在建筑顶部构架与底部外表加以装饰线条，使其与新建的建筑风格统一。而新建建筑则利用山地丰富的竖向层次，塑造极具想象力的空间场所。建筑下层局部架空，上部为功能性教室。这样的设计既解决了季节性降水对这种依山建筑的威胁，又尽可能减少建造时对环境的破坏。与此同时，山体上的自然景观被保留下来，珍贵树木都不容破坏。新旧建筑间以连廊连接，L 形的庭院景观边界与学生的动线自然结合。漫步其间，是一种独特的自然和人文的体验。

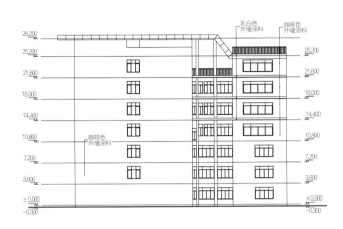

乳白色
外墙涂料

咖啡色
外墙涂料

28.200

25.200   25.200

21.600   21.600

18.000   18.000

14.400   14.400

咖啡色
外墙涂料

10.800   10.800

7.200   7.200

3.600   3.600

±0.000   ±0.000
-0.300   -0.300

21~23. 干净整洁的建筑立面

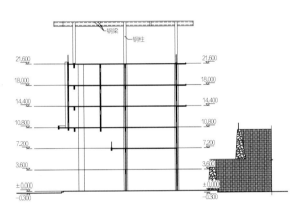

钢梁
钢柱

21.600   21.600

18.000   18.000

14.400   14.400

10.800   10.800

7.200   7.200

3.600   3.600

±0.000   ±0.000
-0.300   -0.300

建筑侧立面

24

道路设计，九曲回廊与故事开始

　　校园采用人车分流的交通动线：机动车从车行专用入口进入校园后，驶入环山半坡道路直接进入停车场；学生则通过人脸自动识别闸口进入校园，由公共交通带入各个教学场所。

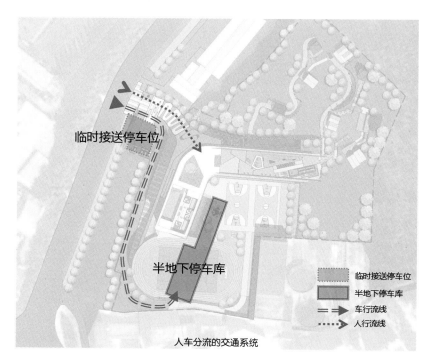

临时接送停车位

半地下停车库

　　　　　　　　临时接送停车位
　　　　　　　　半地下停车库
　　　　　　　　车行流线
　　　　　　　　人行流线

人车分流的交通系统

24. 人车分流顶视实景
25. 人行入口九曲回廊

校园的主入口广场与道路平接，这样广阔宽敞的平台空间使得家长在接送孩子时，多了一个聚集广场，也更方便人流快速疏散。沿着层次丰富的坡道向上，并不会感到正步行在坡度近 40° 的斜坡上。如何利用 10m 多的进深化解 4m 多的高差？设计师借鉴美国旧金山的九曲花街，利用弯曲迂回的路线长度换取高度，减缓流线的坡度，同时地面铺装采用透水沥青增加摩擦力。很快，可以看到孩子们沿着蜿蜒的坡道向上奔跑，来到学校接待大厅前的环形停留广场，而沿路花坛中的时令花草和时不时撞见的特色的小品雕塑使学校环境更添生机。

让学生体验在半山半校间穿行的乐趣

学生们需要丰富多样的活动，因此设计师在建筑中注入大量廊道、平台、楼梯等非正式交流空间，让他们能在其中自由漫步嬉戏。课后学生们的行动空间可以扩展到山体区域，体验在半山半校间穿行的乐趣。

设计师根据现场日照及主导风向，推断出校内各功能区域的最佳位置，并在不同高度将每一个功能空间合理布局，使得整个校园的流线组织更加顺畅。学生们可以在这种趣味性的行走和运动中激发出对自然和空间的思考，多变而富有想象力的生态自然场所反过来也有利于塑造孩子们的身心和品性。

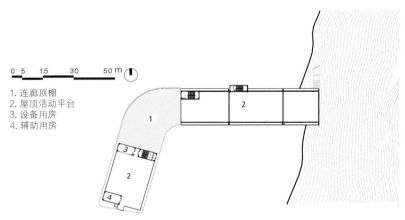

1. 连廊顶棚
2. 屋顶活动平台
3. 设备用房
4. 辅助用房

屋顶平面图（标高 14.4m）

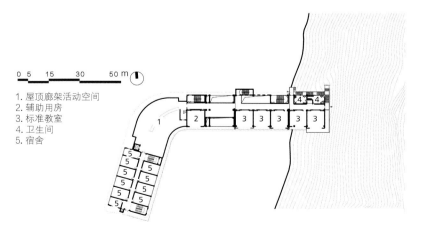

1. 屋顶廊架活动空间
2. 辅助用房
3. 标准教室
4. 卫生间
5. 宿舍

四层平面图（标高 10.8m）

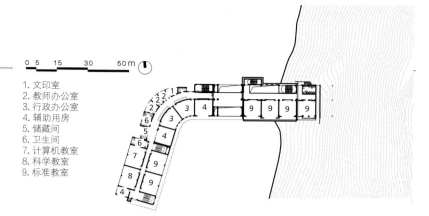

1. 文印室
2. 教师办公室
3. 行政办公室
4. 辅助用房
5. 储藏间
6. 卫生间
7. 计算机教室
8. 科学教室
9. 标准教室

三层平面图（标高 7.20m）

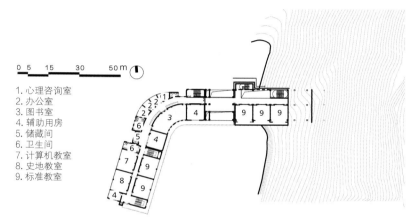

1. 心理咨询室
2. 办公室
3. 图书室
4. 辅助用房
5. 储藏间
6. 卫生间
7. 计算机教室
8. 史地教室
9. 标准教室

二层平面图（标高 3.6m）

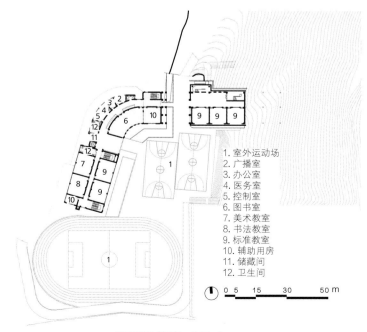

1. 室外运动场
2. 广播室
3. 办公室
4. 医务室
5. 控制室
6. 图书室
7. 美术教室
8. 书法教室
9. 标准教室
10. 辅助用房
11. 储藏间
12. 卫生间

一层平面图（标高 ±0.00m）

建筑功能的堆叠与空中操场

在布局田径场与运动场时，不破坏山体、保护自然环境是首要原则；不变动土方、尽量控制成本是强规。在这块场地放置一个田径场，会将原本局限的空间进一步压缩。最终，设计师将操场抬高，食堂与停车场设置在操场下层，将操场空间置于其上，这样利于土地的高效利用，能够创造出更多的功能性空间。于是，这样一个拥有250m长环形跑道的"空中操场"就形成了，在更接近天空的操场上运动，仿佛伸手就能触碰到白云；眺望远方城市，视野开阔舒朗。

26

26. 建筑与运动场
27. 抬高的操场
28. 连接与穿梭
29. 建筑与地势高差

项目改造的意义

学校入口旁原本有一个不可拆除的私人住宅，学校改造完成后，房主把墙面简修刷白，和学校建筑协调一致。学校就像一个点，对周边环境产生潜移默化的影响，继而这个城市整体的教育面貌也随之不断地提升增强。

对个人而言，校园是美好的青春回忆；对城市而言，校园是文化的精神象征。如何通过创新的设计打造一座美好的校园不仅关乎个人，更关乎城市的形象。创造教育新名片不仅是口号，更是城市策略。

设计关注基于功能需求下质量与成本的平衡，坚持对品质的追求和对儿童健康成长的专注，将城市更新与校园改扩建相结合，从多层级的策略思考、全方位的设计落实，极大提高了土地和空间的利用率。伴随着旧建筑的更新、功能的改善、自然的维护，城市活力正被渐渐唤醒。

30. 坡道绿化掩映下的教学楼
31. 孩子们在屋顶活动
32. 人行入口九曲回廊
33. 建筑与山体的关系
34. 林间教室

设计公司名录

BEING 时建筑（P. 177）
地址：广东省广州市新港东路 51 号北岛创意园 C6 栋
电话：020-31420747
邮箱：office@beingarch.com

B. L. U. E. 建筑设计事务所（P. 115、P. 133、P. 197）
地址：北京市朝阳区建国路郎家园 6 号院郎园 Vintage9 号楼 208/209 室
电话：010-85895003
邮箱：press@b-l-u-e.net

Kokaistudios（P. 071、P. 157、P. 209）
地址：上海市静安区陕西北路 600 号 3 号楼 3 楼
电话：021-64730937
邮箱：info@kokaistudios.com

UAO 瑞拓设计（P. 049）
地址：湖北省武汉市江岸区丹水池汉黄路 32 号良友红坊文化艺术社区 A7 栋
电话：027-82439441
邮箱：542595072@qq.com

建筑营设计工作室（P. 085、P. 099）
地址：北京市朝阳区酒仙桥北路七九八艺术区工美楼 301 室
电话：010-57623027
邮箱：archstudio@126.com

刘宇扬建筑设计顾问（上海）有限公司（P. 021）
地址：上海市静安区梅园路 35 号 3 楼
电话：021-54041288
邮箱：office@alya.cn

上海思序建筑规划设计有限公司（P. 229）
地址：上海市国康路 98 号国际设计中心东楼 8 楼
电话：021-55233133
邮箱：1014802038@qq.com

席间设计事务所（P. 147）
地址：上海市杨浦区大学路 63 弄 6 号
电话：13818948785
邮箱：duringthedinner@126.com